1ʳᵉ SÉRIE, Nᵒ 11.

BIBLIOTHÈQUE RURALE

INSTITUÉE

PAR LE GOUVERNEMENT.

MANUEL
D'HYGIÈNE PUBLIQUE ET PRIVÉE.

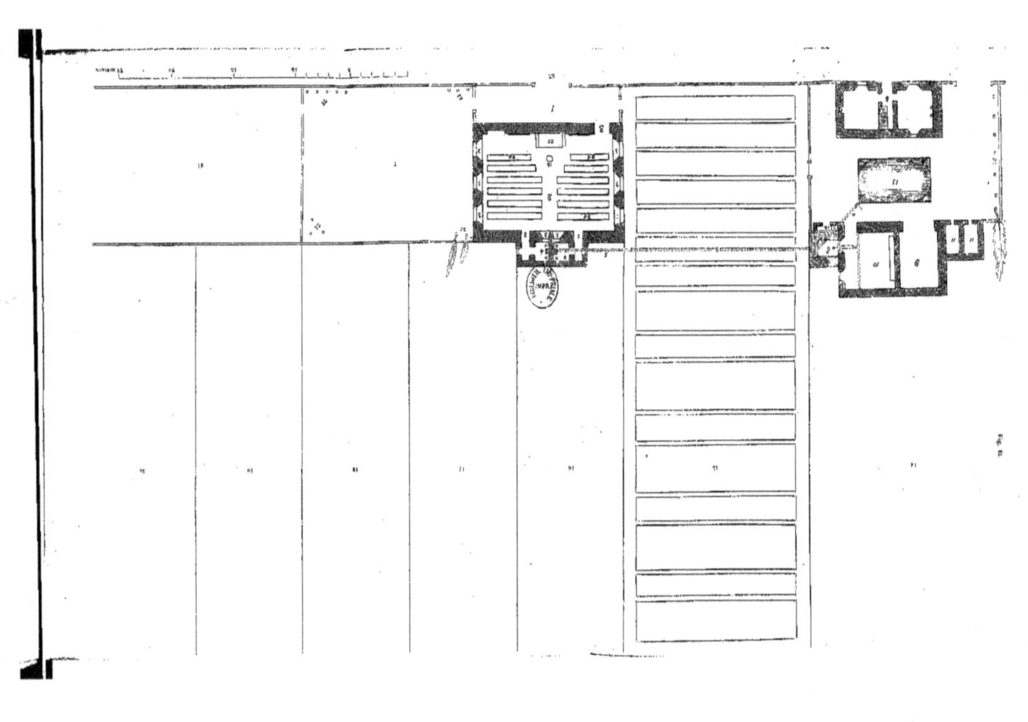

MANUEL

D'HYGIÈNE PUBLIQUE ET PRIVÉE

A L'USAGE

DES INSTITUTEURS ET DES COMMUNES RURALES

PAR

le docteur Sovet,

Médecin de la maison du Roi, président de l'union médicale
de l'arrondissement de Dinant, membre de l'Académie royale de médecine de Belgique.
et de la Commission médicale de la province de Namur, Inspecteur cantonal
de l'enseignement à Beauraing.

Faire un livre véritablement utile, un de
ces livres qui rendent service et font le
bien, telle est l'unique intention qui a
guidé ma plume et ma pensée.

Dr REVEILLÉ-PARISSE. *Physiologie et
hygiène des hommes de lettres, 1834.*

———

OUVRAGE APPROUVÉ PAR LE CONSEIL SUPÉRIEUR
D'HYGIÈNE PUBLIQUE.

———

BRUXELLES.

G. STAPLEAUX, IMPRIMEUR-ÉDITEUR,
RUE DE LA MONTAGNE, N° 11.

———

1851

AVANT-PROPOS.

« Chez les peuples anciens, l'hygiène occupait une place importante dans la législation ; ceux que leur rang ou leur génie appelait à gouverner y attachaient tant d'importance qu'ils en érigèrent les préceptes en lois, et souvent même firent intervenir l'autorité sacrée de la religion pour les faire observer avec rigueur : les ablutions, les lotions, les bains, la séquestration des lépreux, la prohibition de certaines viandes, celle de l'opium, les jeux olympiques, etc., sont des mesures de ce genre.

« Au commencement des sociétés, tous les hommes étaient rangés à cet égard dans la même catégorie ; tous, à peu d'exceptions près, partageaient la même ignorance, les mêmes passions grossières qui les rendaient incapables de se guider eux-mêmes et leur faisaient gravement compromettre un des plus grands biens, celui sans lequel presque tous les autres ne sont rien : la santé ! Peu à peu les lumières se répandant, les mœurs subirent des modifications remarquables, la législation devint plus large et laissa à l'homme privé une liberté presque illimitée en ce qui concerne l'hygiène. Combien n'a-t-il pas abusé de cette liberté ! Et tous les jours, ne s'attire-t-il pas à lui et à sa famille des catastrophes qu'un peu de prudence aurait fait éviter ?

« A voir, s'écrie le professeur Rostan, l'indiffé-
« rence avec laquelle on s'expose à toutes sortes
« d'influences meurtrières, on dirait que chacun est
« dégoûté de la vie et que c'est ce dont il fait le
« moindre cas ! » Mais, avouons-le, si l'homme instruit et civilisé s'attire ainsi bénévolement des malheurs, il ne doit s'en prendre qu'à lui, tandis qu'il n'en est pas de même pour le malheureux campagnard ; privé de moyens d'instruction, forcé, dès sa plus tendre jeunesse, à de rudes travaux qui n'exercent que son corps et laissent son intelligence sans culture, n'est-il pas en quelque sorte excusable quand il manque de prévoyance pour sa santé ? N'est-ce pas à ceux qui vivent du pain qu'il fait croître et à qui leur position et leurs loisirs ont permis de s'instruire, qu'il appartient de veiller sur lui et de le faire jouir des bienfaits de la science, comme lui les nourrit du fruit de ses sueurs ? Que la société laisse aux hommes instruits et civilisés la liberté de régler à leur guise leur hygiène privée, mais au moins

qu'elle n'abandonne point tout à fait les habitants
des campagnes, qu'elle ne les livre pas sans conseils
aux résultats d'une ignorance qu'on oserait à peine
leur reprocher aujourd'hui. »

Tel est le langage que je tenais en 1840, au conseil central de salubrité publique (1), et depuis cette
époque j'ai constamment réfléchi aux moyens les
plus efficaces de faire pénétrer parmi les populations
agricoles les bienfaits de l'hygiène publique et privée. D'abord, j'avais résolu de rédiger un petit catéchisme hygiénique, à la portée de toutes les intelligences; mais il m'a paru qu'un tel travail serait
nécessairement très-incomplet, et qu'il ne pourrait
guère renfermer que des généralités sans application
pratique positive. D'ailleurs, ceux à qui je le destinais ne le liraient probablement pas, car les ouvriers
adultes ne lisent pas, et si l'on parvient à faire lire
les petits cultivateurs, ce ne sont point des notions
d'hygiène, mais des leçons pratiques d'agriculture,
c'est-à-dire des livres où ils espèrent apprendre les
moyens de réaliser de plus grands bénéfices et d'améliorer leur patrimoine.

Deux classes de personnes m'ont paru plus aptes à
faire pénétrer et surtout à appliquer les notions

____

(1) *De l'hygiène publique dans les campagnes*, par l'auteur. Mémoire
imprimé par décision du conseil. Bruxelles, 1840.)

d'hygiène dans les campagnes : ce sont, 1° les instituteurs, 2° les chefs des administrations communales.

I. — Pour obtenir l'attention des instituteurs, il fallait que mon livre eût une importance pratique et professionnelle pour eux, c'est-à-dire qu'il fût une pédagogie physique sans pourtant manquer son but d'utilité générale; à cette fin, j'ai pris l'école pour première base d'application des règles hygiéniques, et à chaque pas j'ai montré comment ces règles doivent s'étendre aux autres constructions et à la vie ordinaire des adultes, et j'ai surtout cherché à faire comprendre aux instituteurs par quels moyens ils peuvent répandre l'hygiène en la faisant pénétrer de bonne heure dans l'esprit et les habitudes des enfants.

Ce qui m'a surtout engagé à adopter ce plan, c'est que l'hygiène est non-seulement l'art de conserver la santé, mais celui d'améliorer la conformation et la constitution des êtres vivants; c'est donc à l'enfance d'abord qu'il faut en appliquer les préceptes, c'est là la voie la plus large, c'est là le principe et la condition nécessaire de l'amélioration de la santé du peuple. Aussi, me suis-je écarté complétement du cadre ordinaire des traités d'hygiène, dans lesquels l'éducation physique n'est qu'un appendice insignifiant, tandis qu'à mes yeux elle constitue la base, le fondement le plus solide du perfectionnement de la constitution et des mœurs du peuple.

L'importance de cette éducation n'est pas encore assez bien comprise dans les classes inférieures de la société, et pourtant quels enfants plus que les enfants du peuple ont besoin d'être bien portants, forts et agiles? Généralement destinés aux travaux corporels, ne devant trouver de ressources que dans leurs labeurs journaliers, peuvent-ils, sans s'exposer à une éternelle misère, négliger les forces et les membres qui leur sont indispensables pour le travail? Certes, l'enfant du pauvre a besoin de connaître ses devoirs envers Dieu et envers la société, mais une bonne éducation physique corrobore les préceptes de la morale religieuse; il doit aussi recevoir l'instruction nécessaire pour régler ses affaires avec ordre et économie; mais, à coup sûr, il vaudrait mieux pour lui qu'il ne sût ni lire ni écrire, que d'être mal portant et impropre au travail. Au reste, l'éducation physique n'entrave pas l'éducation intellectuelle; elle la rend au contraire plus facile, car un enfant bien portant a l'esprit plus dispos qu'un enfant malingre ou étouffé dans une atmosphère insalubre.

II. — En prenant l'école pour base principale de l'application de l'hygiène, j'intéresse également les personnes revêtues de l'autorité communale, car c'est à elles que la loi a confié le soin de faire construire et·d'assainir les locaux d'école, la maison de l'instituteur et ses accessoires qui, en bonne pratique, devraient être des modèles de construction pour les petits cultivateurs. Mais une lacune serait résultée de ce point de vue unique si, embrassant l'ensemble de l'hygiène publique et privée, je n'avais successivement examiné les divers agents qui influent sur notre économie, et énoncé les préceptes qui en découlent pour la vie ordinaire des populations rurales; je me suis attaché avec le plus grand soin à ne rien négliger sous ce rapport. Enfin les règlements de salubrité publique mis en harmonie avec les exigences de l'économie rurale, les mesures à prendre contre les épizooties et les maladies contagieuses, quelques conseils sur les maladies humaines, les épidémies, sur les cimetières et les inhumations, constituent un chapitre spécial, qui renferme en quelque sorte l'hygiène publique des campagnes, et c'est ainsi que la nouveauté de mon plan ne m'a nullement empêché d'arriver à un exposé complet des règles de l'hygiène. Tel a été du moins le but de mes efforts, et je serai heureux si, parcourant un champ encore peu exploré, j'ai au moins déblayé la route et facilité la mission de ceux dont le devoir est d'éclairer le peuple des campagnes et de protéger sa santé.

Ainsi, c'est d'abord à l'instituteur que je m'adresse:

il importe qu'il ne perde jamais de vue qu'il doit être, pour les enfants qui lui sont confiés, non-seulement un second père, mais un père plus intelligent, plus éclairé et plus soigneux que les parents naturels; il doit s'appliquer à lui-même ces paroles que Silvio Pellico adresse aux parents : « Donner de bons « citoyens à la patrie, donner à Dieu lui-même des « âmes dignes de lui; telle sera votre charge si « vous avez des enfants. Charge sublime! celui qui « l'assume et la trahit, est le plus grand ennemi de « la patrie et de Dieu! » Les manuels de pédagogie lui apprennent ses devoirs par rapport à l'éducation morale et intellectuelle; l'hygiène les lui apprendra par rapport à l'éducation physique; par elle il s'initiera à ces soins paternels qu'il est si doux de prodiguer aux enfants, lorsqu'on a le cœur bien fait; non-seulement il favorisera leur développement régulier par des exercices prudemment dirigés, mais il saura écarter les dangers que les mauvaises dispositions du matériel et du local de l'école pourraient faire courir à leur santé; il veillera sur leurs passions naissantes et les prémunira contre les préjugés nuisibles qui courent le monde et qui ne peuvent être efficacement attaqués qu'en s'adressant à l'enfance.

MM. Engling et Parisel, dans leur excellent manuel des instituteurs, s'expriment ainsi sur la manière de sauvegarder la santé du peuple par l'enseigne-

ment : « Sans vouloir faire le médecin, l'instituteur,
« à la ville comme à la campagne, doit avertir les
« enfants de tout ce qui peut être utile ou nuisible
« à leur santé, les précautionner contre l'intempé-
« rance, contre tous les excès et les désordres qui
« naissent de l'abus des plaisirs... Il conviendrait
« qu'il fût à même de détruire les préjugés popu-
« laires et particulièrement la confiance à recevoir
« ces remèdes colportés par les charlatans (1) ; il
« serait également désirable qu'il pût faire connaître
« les plantes vénéneuses du pays, en les montrant
« soit en nature, soit en images, et qu'il prémunît
« les enfants contre les autres dangers qui mena-
« cent la vie et la santé. »

Trois sortes de devoirs incombent à l'instituteur
sous le rapport de l'hygiène. 1° Devoirs envers lui-
même et envers sa propre famille : offrir l'exemple de
l'observance judicieuse des règles hygiéniques, c'est
une des voies les plus sûres pour propager les bonnes
habitudes, c'est d'ailleurs un moyen de conservation personnelle que la profession d'instituteur exige
impérieusement ; 2° devoir envers ses élèves ; l'instituteur doit étudier souvent et mettre tous les jours
en pratique, dans sa classe, les préceptes de l'éduca-

____

(1) Quiconque n'a pas donné à la société des gages certains de sa
science, et qui se mêle de donner des conseils sur le traitement des maladies, est un charlatan.

tion physique; 3° devoirs envers toute la société,
par la propagation des bonnes notions et la destruction des préjugés.

Pour remplir ces devoirs, il n'est pas nécessaire
que l'instituteur dérobe aux matières exigées par la
loi une partie du temps des classes pour donner des
leçons spéciales. Les notions hygiéniques ne doivent
point, vis-à-vis des élèves, constituer des leçons
didactiques; il faut qu'elles s'infiltrent peu à peu dans
leur esprit et se répandent dans les campagnes par
des conversations familières, par l'exemple et par des
conseils donnés à propos, non-seulement aux enfants,
mais parfois aux parents eux-mêmes. La gymnastique
seule peut être érigée en cours spécial, et ce cours
ne peut se donner, dans les écoles primaires, que
les jours de congé ou en dehors des heures de classe.

Dans la plupart des pédagogies, on trouve quelques données sur l'éducation physique, mais elles
sont trop succinctes pour éclairer le jugement des
instituteurs; on recommande à ces derniers de puiser
des notions plus étendues dans des traités spéciaux,
mais il n'en existe aucun qui soit à la fois complet et
à la portée des personnes qui n'ont pas étudié la
médecine. Dans les méthodiques générales, on rencontre des conseils sur la disposition des locaux et de
leur mobilier, mais toutes semblent avoir été copiées
l'une sur l'autre sans contrôle et sans vérification, et

nulle part on ne cherche à mettre les instituteurs à même de comprendre l'importance des règles à suivre, ni de les appliquer avec discernement aux divers cas particuliers qu'ils doivent rencontrer tous les jours.

Je n'ai dédaigné aucune source d'instruction ; j'ai étudié les médecins et les pédagogues, et je chercherai à mettre à profit leurs bons conseils ; j'ai écouté les remarques des instituteurs expérimentés, et souvent je les ai trouvées très-judicieuses ; mais de plus, j'ai cru devoir beaucoup observer moi-même et ne rien accepter sans contrôle ; aussi les conseils que je donnerai, je les ai mis en pratique tant sur mes propres enfants que sur moi-même, tant sur les familles que dans les écoles dont la surveillance m'est confiée.

Dans la rédaction de ce manuel, je laisserai de côté les vues spéculatives, toutes séduisantes qu'elles puissent être, pour m'en tenir aux règles pratiques et aux mesures d'une exécution facile et peu dispendieuse. Ces dernières demandent à être exposées avec simplicité, clarté et précision. Je tâcherai d'être concis, d'éviter les répétitions inutiles et de suivre un ordre méthodique, mais je ne viserai ni à l'élégance ni à l'élévation du style, parce que le sujet ne me paraît pas le comporter et que, dans un travail de ce genre, l'écrivain doit s'effacer devant le précepte et le but d'utilité qu'il poursuit. Aussi dirai-je avec Reveillé

Parise : « Faire un livre véritablement utile, un de ces livres qui rendent service et font le bien, telle est l'unique intention qui a guidé ma plume et ma pensée. »

Ce manuel s'adresse aussi aux bourgmestres et à toutes les autorités communales, car c'est à elles à prendre les grandes mesures propres à protéger la santé du peuple ; sous ce rapport, leurs devoirs sont très-importants et très-sérieux. — Qu'il est pénible de penser que parfois c'est à l'ignorance ou à l'incurie des autorités communales qu'il faut attribuer une bonne partie des ravages que causent les épidémies au milieu des populations agricoles ! Nous ne voulons pas dire qu'il soit toujours possible de prévenir ces fléaux, non ; mais il est positif que, par l'exécution de bons règlements de police et par des mesures de salubrité publique, on peut les rendre beaucoup plus rares et en atténuer considérablement les effets. Les faits qui prouvent cette vérité sont devenus trop nombreux et trop concluants, surtout en ce qui concerne le typhus, la petite vérole et le choléra, pour que le moindre doute puisse subsister à cet égard. — Les autorités communales doivent donc connaître l'étendue de leur responsabilité et les moyens de la supporter sans remords. — Je ferai tous mes efforts pour les mettre à même de ne rien négliger sur ce point important.

De plus, ce manuel les mettra à même de mieux

connaître et d'apprécier les devoirs des instituteurs, et par conséquent d'en surveiller l'accomplissement avec plus de sécurité. — L'avenir de la société dépend de leur vigilance à cet égard ; tout notre rouage administratif serait d'ailleurs faussé, si elles oubliaient les obligations que leur mandat leur impose.

En instituant des administrations communales, le législateur a voulu établir une protection vigilante et perpétuelle pour la classe du peuple. Il a compté que, grâce à elles, les enfants du peuple trouveraient, au milieu de chaque centre de population, des tuteurs éclairés qui emploieraient les ressources de la commune à leur conservation et à l'édification de leur avenir. Manquer à cette mission, c'est manquer aux devoirs les plus sacrés envers la société, c'est accumuler les maux sur la tête de ceux qui souffrent et qu'il faut, au contraire, sauvegarder et éclairer ; c'est pousser les classes nécessiteuses à la démoralisation et au désespoir ; c'est préparer à nos descendants des divisions et des troubles qui peuvent ruiner une nation et la plonger dans la plus triste anarchie. — Les illusions ne sont plus possibles aujourd'hui, il est évident que les révolutions viennent et viendront plutôt de causes sociales que de causes politiques, et que des idées insensées et coupables sont jetées dans la société comme un levain perfide, pour entretenir une fermentation sourde contre tout ce qui est pouvoir et propriété. C'est à ceux qui sont investis de l'autorité et à ceux qui possèdent à détourner les fléaux qui menacent le corps social. C'est à eux à montrer qu'en leurs mains le pouvoir et la fortune ne sont pas des instruments d'égoïsme, mais des moyens de bienfaisance et de travail, et que leur occupation constante est de protéger et d'améliorer les classes nécessiteuses. Or, tous les moyens d'amélioration ne sont que d'impuissants palliatifs s'ils ne s'adressent à l'enfance ; et voilà pourquoi l'éducation populaire a pris dans la saine économie politique une place si large et si importante. Moralisez et éclairez les enfants du peuple, afin qu'ils sachent ce qu'ils doivent à Dieu et à leurs semblables, afin que, devenus hommes, ils aient des sentiments de justice et de subordination aux lois, afin qu'ils conservent intact ce bon sens pratique qui a toujours préservé le peuple belge de la contagion des utopies et des idées désorganisatrices prêchées ailleurs. Il faut veiller sur le développement régulier et sur la santé des enfants du peuple, afin qu'ils deviennent des ouvriers forts et habiles, à qui le travail soit facile et qu'ils trouvent en lui des conditions de bonheur plutôt que des causes de dégoût et d'envie. Tel est le but d'une bonne éducation populaire, et ce but il faut l'atteindre sous peine des plus grands malheurs. Que ceux qui ne se sentent pas capables de le comprendre ni d'y coopérer renoncent à leurs fonctions publiques plutôt que de trahir leur mandat. D'un autre côté, que ceux que la confiance de leurs concitoyens a investis de l'autorité ne se découragent pas pour de légers obstacles. Il faut, nous le savons, lutter longtemps pour opérer quelque bien, mais la satisfaction d'avoir réussi et la reconnaissance publique les récompenseront tôt ou tard des peines qu'ils se seront données dans l'intérêt du peuple et de la société.

NOTIONS PRÉLIMINAIRES.

Pour bien comprendre les précautions nécessaires à la conservation de la santé, il faut d'abord
avoir une idée succincte mais exacte du mécanisme
de la vie. Celle-ci se compose de deux ordres de
fonctions : les unes servant à l'accroissement et à
l'entretien de notre corps, telles que la digestion, la
respiration, etc. ; les autres consistant dans nos rela-
tions avec le monde qui nous environne, telles que
nos actes intellectuels, nos sensations, nos mouvements volontaires, etc.

PREMIER ORDRE DE FONCTIONS.

Nous mangeons et nous buvons ; les matériaux que
nous introduisons ainsi dans notre corps sont digérés,
puis en partie absorbés et portés par des vaisseaux
dans le cœur, où ils se mêlent au sang qui a déjà
servi à la nutrition. Le mélange qui en résulte est
poussé dans les poumons pour y devenir apte à la
nourriture de nos organes. Cette transformation si

importante s'accomplit par l'influence de l'air que nous respirons et qui, agissant sur ce liquide, change à l'instant sa couleur noirâtre en une belle couleur rouge, et lui donne les qualités nécessaires pour accroître et alimenter notre corps. Ce sang, qu'on appelle alors sang artériel, est reporté dans les cavités gauches du cœur, lancé dans toutes les directions, et pénètre par les artères dans toutes les parties les plus éloignées et les plus délicates de notre organisme. Lorsqu'il a déposé ses matériaux nutritifs, il est reporté par les veines dans les cavités droites du cœur et dans les poumons pour y subir un nouveau mélange, une nouvelle artérialisation, et recommencer le même parcours. Voilà donc trois grandes fonctions clairement indiquées : la *digestion*, la *respiration* et la *circulation*.

Mais toutes les matières que nous ingérons ne sont pas absorbées ; elles laissent dans l'intestin un résidu qui doit être évacué ; de là la fonction de la *défécation*. Mais le sang lui-même, en parcourant les diverses parties de notre corps, rencontre des organes qui le purifient et en extraient divers matériaux ou humeurs ; ainsi avec le sang le foie fabrique la *bile* et la verse dans les intestins ; les *reins* fabriquent l'*urine* qui s'accumule dans la vessie ; la peau élimine la *sueur* ; il en est de même des larmes, de la salive, etc. ; ces fonctions s'appellent *sécrétions*, et l'action par laquelle ces liquides sont expulsés du corps, s'appelle *excrétion*. On comprend que tout ce qui peut les troubler ou les exagérer nuit à la composition du sang, et dérange le jeu des organes.

Remarquons, en passant, que les fonctions humaines, surtout celles du premier ordre, s'exécutent à peu près d'après le même mécanisme chez les animaux domestiques ; de là vient que la plupart des indications hygiéniques générales qui se rapportent à l'homme conviennent aussi aux animaux qui partagent ses travaux ou constituent une partie de sa richesse. Ainsi la pureté de l'air, la salubrité et l'abondance de l'alimentation, la propreté, la modération du travail, la bonne éducation physique influent puissamment sur la conformation, sur la constitution et la santé des animaux domestiques. Il résulte de là que celui qui connaît bien l'hygiène humaine sait déjà beaucoup de ce qui concerne celle des animaux, et qu'il lui suffira d'un peu d'expérience et de réflexion pour appliquer ses connaissances à cette branche si importante de l'économie agricole.

SECOND ORDRE DE FONCTIONS.

L'homme ne vit pas isolé au milieu des agents extérieurs qui l'environnent, il est influencé par les qualités de l'air, non-seulement parce qu'il le respire, mais parce qu'il est impressionné par sa température froide ou chaude, par son humidité ou sa sécheresse, et par son état électrique. Il reçoit également l'influence de la lumière, du bruit, des vêtements, des odeurs et de tout ce qui l'entoure. Puis il réagit à son tour sur les choses extérieures et sur lui-même, par ses actes intellectuels et par ses mouvements. Ces dernières fonctions sont liées, quoique à des degrés différents, au fait de notre volonté, de sorte

2.

que nous pouvons accélérer la plupart d'entre elles ou les ralentir, les provoquer ou les suspendre à notre gré, jusqu'à un certain point du moins ; ainsi nous pouvons étudier beaucoup, peu ou point, prendre beaucoup d'exercice ou bien nous condamner à un repos presque absolu. Il résulte de là que nous sommes maîtres de plusieurs de nos facultés, et que leur emploi, selon qu'il est bien ou mal dirigé, est utile ou défavorable à la santé ; de là la nécessité de nous former de très-bonne heure au meilleur emploi possible de nos forces intellectuelles et physiques. De là la nécessité absolue pour un instituteur d'étudier et de connaître les règles morales et hygiéniques qui doivent guider les fonctions volontaires et les influences qui peuvent favoriser ou troubler l'ordre régulier des autres fonctions. Ce court aperçu physiologique me paraît suffisant pour donner une juste idée de leur importance et de leur enchaînement chez l'adulte ; je dois seulement ajouter quelques mots touchant leurs modifications dans l'enfance ; je ne m'occuperai pas de la première enfance, j'aurai principalement en vue les élèves des écoles primaires, c'est-à-dire les enfants âgés de 7 à 14 ans. C'est précisément à cet âge que commence la seconde enfance. Le début de celle-ci est marqué par la seconde dentition, les dents de lait tombent peu à peu, et sont remplacées, dans l'espace de 5 à 6 ans, par les dents définitives. Les fonctions de nutrition, déjà si actives dans les premières années, prennent un nouveau degré d'énergie ; le développement du corps est plus marqué ; la taille s'élance ; les membres perdent leur rondeur et apparaissent plus grêles ; les muscles se dessinent mieux sous la peau ; l'intelligence prend un nouvel essor, et le besoin d'agir et de se mouvoir devient de plus en plus impérieux. Bien des parents se disent alors : « Notre enfant est échappé aux dangers les plus communs du jeune âge, » et s'endorment dans une fausse sécurité. C'est alors aux instituteurs à redoubler de surveillance pour remplacer et même éclairer les parents, quand l'occasion s'en présente. Non-seulement la chute des dents de lait doit être surveillée pour faciliter la pousse des autres et éviter les difformités ; non-seulement l'enfant est encore menacé de maladies graves, telles que les fièvres éruptives (rougeole, scarlatine, variole, etc.) et cérébrales, mais c'est souvent à cette période de la vie que la constitution se détériore, que les influences délétéres font éclore les scrofules, que la colonne vertébrale (épine du dos) se dévie, ou que d'autres os se gonflent, se courbent, et engendrent des difformités le plus souvent incurables. Plus que jamais, il est donc nécessaire qu'une sollicitude éclairée veille sur eux. Or les enfants du peuple et beaucoup de la classe moyenne n'ont à attendre cette protection que de l'instituteur.

Qu'il se pénètre donc bien de ses devoirs à cet égard ; je ferai tout ce qui dépendra de moi pour qu'il les connaisse et les comprenne bien.

CHAPITRE PREMIER.

**De l'air, de la lumière, du son, de l'électricité
et des précautions qui s'y rapportent dans la construction
des écoles et des habitations.**

§ I. Importance de l'air et de sa pureté. — Causes externes et internes
de la corruption de l'air dans les écoles et les habitations. — Enchaînement de ces causes avec les pertes agricoles et la misère. —
§ II. Emplacement des écoles et des habitations. — § III. Matériaux,
dimensions et construction des locaux d'école. — § IV. Du froid, de
la chaleur, de la sécheresse et de l'humidité. — Effets de la lumière.
—Modes divers d'éclairage des écoles, placement des fenêtres et dimensions.—Ventilation et assainissement des salles : 1º par les fenêtres ;
2º par les cheminées d'aérage ; 3º par la calorification.—Modes divers
de chauffage. — Précautions.—Moyens d'éviter l'excès d'humidité. —
Entretien des murailles et blanchissage. — § V. De la sonorité des
parquets. — § VI. Des locaux accessoires, préaux, cours, et de l'habitation de l'instituteur.

§ I.

L'air est un fluide gazeux qui enveloppe notre
globe ; il n'est pas un corps simple, un élément,
comme on le disait autrefois, mais un mélange, à l'état
normal, d'oxygène (21 pour cent) et d'azote (79 pour
cent) ; il contient, en outre, $\frac{6}{10,000}$ d'acide carbonique

et une quantité variable de vapeur d'eau de 6 à 9 millièmes.

De ces diverses substances, l'oxygène et la vapeur d'eau sont seuls utilisés et indispensables à la vie. Aussi faut-il éloigner toutes les causes qui pourraient en diminuer la quantité. L'air est plus dense (c'est-à-dire que ses molécules sont plus nombreuses dans un espace donné) à la surface du sol que sur les hautes montagnes, dans les lieux froids que dans les appartements fortement chauffés. La chaleur le dilate comme elle dilate tous les corps, et le rend par conséquent plus léger que l'air froid.

Le vent n'est pas l'air, mais un mouvement de l'air.

Nous avons vu, dans les notions physiologiques, que l'air est nécessaire, indispensable même à notre vie, car, sans lui, notre sang ne pourrait pas se refaire à tous les instants. L'air nous est plus nécessaire que les aliments : nous pouvons vivre plusieurs jours sans manger ; si nous restons quelques minutes sans respirer, nous mourons asphyxiés. Si l'air nous est d'une nécessité si indispensable ; si, pénétrant à chaque instant dans nos poumons, il va y mêler un de ses éléments à notre sang (l'oxygène), nous devons facilement comprendre combien il est important de le respirer pur. Or une foule de circonstances peuvent le rendre impur ; nous-mêmes, nous le rendons impur par notre propre respiration : quand il sort de notre poitrine, il a perdu une partie de son oxygène, et contient une certaine quantité d'acide carbonique qu'il ne contenait pas auparavant. D'autres émanations de notre corps amènent encore le même résultat. Si donc nous sommes plusieurs personnes renfermées et respirant dans une salle, nous vicions l'air, et il viendrait un moment où il serait très-malsain, si l'on ne parvenait à expulser l'air vicié et à le remplacer par un air pur. De là vient l'indispensable nécessité de renouveler constamment l'air dans les salles d'école, et de vivre dans des habitations suffisamment élevées et spacieuses.

L'histoire des guerres des Anglais dans l'Indoustan nous fournit un exemple effrayant des effets de l'air vicié par la respiration d'un grand nombre de personnes : 146 prisonniers furent enfermés dans une chambre de 20 pieds carrés n'ayant que deux petites fenêtres donnant sur une galerie ; à deux heures du matin, il n'y avait plus que 50 prisonniers vivants ; à la pointe du jour, quand la prison fut ouverte, de 146 hommes il n'en sortit que 23 vivants, et encore étaient-ils dans le plus déplorable état. (Deslandes, *Manuel d'hygiène.*)

Un fait qu'il est encore nécessaire de ne pas perdre de vue, c'est que presque tous les corps exposés à l'air contiennent des principes qui sont volatils, et qui, par conséquent, soit en vapeur, soit en poussière, se mélangent à l'air et l'altèrent ; de là vient que toute chambre malpropre exhale toujours une certaine odeur quand on y pénètre.

Des murailles dégradées ou simplement salies exhalent aussi des vapeurs souvent humides et toujours malsaines. Enfin les matières qui brûlent dans le feu dégagent toutes des gaz malfaisants, composés en grande partie d'acide carbonique, qui est plus pesant que l'air , et dont la présence serait d'autant plus dangereuse qu'il resterait dans les couches inférieures où l'être vivant respire (1). Mais comme ces gaz sont échauffés et partant raréfiés, ils tendent ordinairement à s'élever, et il est d'autant plus nécessaire qu'ils s'élèvent, qu'ils doivent être remplacés par l'air nouveau qui est indispensable à la combustion. Le courant qui s'établit alors est favorable au renouvellement de l'air de la salle ; mais pour qu'il ait lieu convenablement, il faut que la cheminée soit bien construite, que les tuyaux du poêle soient bien ajustés. Il résulte de l'omission de ces conditions, que beaucoup de maisons sont malsaines, et qu'on a même vu des personnes être asphyxiées dans leur chambre à coucher.

C'est d'après ces principes généraux, applicables à toutes les habitations, que nous nous guiderons pour poser les règles hygiéniques relatives aux dimensions, à la propreté et à l'aérage des salles d'école.

Presque tous les instituteurs comprennent assez bien les sources de viciation de l'air qui peuvent se rencontrer dans l'intérieur des salles d'école ; mais ce qu'il est difficile de leur faire apprécier à eux et aux administrations communales, ce sont les sources extérieures de viciation.

Nous venons de voir que l'air doit être renouvelé constamment dans les locaux d'école et dans les habitations ; mais si, pour remplacer l'air vicié par la respi-

(1) C'est la présence de l'acide carbonique à la surface du sol, qui rend si dangereuse l'entrée dans les caves où la bière et d'autres liqueurs sont en fermentation, et dans des souterrains où l'on n'a pas pénétré depuis longtemps. Avant de s'y hasarder, il faut toujours présenter une chandelle allumée devant soi, et l'abaisser presque jusqu'à terre. Si la flamme diminue ou s'éteint, il faut aérer avant d'entrer, et prendre toujours les mêmes précautions.

ration et les émanations, on fait pénétrer un air déjà altéré à l'extérieur, qu'aura-t-on gagné, sinon un danger de plus? Or, rien n'est plus commun que de. rencontrer autour de toutes les maisons à la campagne, et autour des locaux d'école, des sources d'émanations malsaines auxquelles on semble ne point faire attention, à moins qu'elles n'exhalent une odeur repoussante.

Les fabriques de produits chimiques ou d'engrais artificiels, les fabriques de colle et toutes les manufactures qui exigent l'accumulation de matières ou de résidus qui se décomposent, doivent toujours être éloignées des habitations ou des locaux d'école. On doit aussi éviter pour ces dernières, le voisinage des cimetières, des puisards, des dépôts d'immondices, des étangs, des marais et des eaux stagnantes, qui contiennent toujours des matières en décomposition et donnent toujours lieu à des effluves malsains, surtout sous l'influence de la chaleur.

Dans la construction et la réparation des chemins vicinaux, on trouvera aussi d'excellents moyens d'assainissement pour les localités agricoles; non-seulement il faut, dans ces constructions, avoir égard à la facilité des transports, mais à l'écoulement des eaux pluviales, au desséchement des mares que trop souvent on rencontre à chaque pas dans les villages. Ainsi de bons chemins aboutissant à une école sont un moyen d'assainissement et en même temps une sauvegarde pour la santé des élèves qui peuvent en tous temps y arriver à pied sec. Cependant, tel n'est pas le plus souvent l'état des lieux qui environnent beaucoup d'écoles dans les communes rurales ; souvent des amas de boues, des eaux croupissantes, des fumiers amoncelés de plusieurs pieds au-dessus du sol, des recoins salis par les déjections que les élèves y déposent à cause de l'absence de latrines, infectent l'atmosphère ambiant. Dans ces cas, qu'on ouvre les fenêtres des écoles, qu'on s'efforce à l'aide de ventilateurs à y faire pénétrer un air nouveau, celui-ci n'y arrive qu'après avoir balayé toutes ces immondices et vient verser dans la poitrine et le sang des enfants des principes malfaisants et propres à détériorer leur constitution. Sans doute on ne verra pas, sous l'influence de cet air vicié, tomber les élèves comme les prisonniers indiens dont je parlais tout à l'heure ; mais on verra ces enfants, si frais, si roses à la rentrée des vacances, devenir peu à peu pâles et débiles ; peu à peu les indispositions et les maladies éclairciront leurs rangs ; beaucoup enfin deviendront cacochymes et scrofuleux, seront arrêtés dans leur croissance, et puiseront le germe des plus tristes maladies dans une école où on les envoyait pour apprendre les moyens de vivre sains et valides.

C'est aux administrations communales surtout qu'il appartient de prendre les précautions nécessaires pour éviter ces dangers. Si, par malheur, elles se montrent indifférentes à cet égard, c'est un devoir pour les instituteurs d'éveiller leur sollicitude et de réclamer, sans s'éloigner du respect dû à l'autorité, les mesures les plus propres à assainir l'air de leurs écoles. Peut-être leur répondra-t-on que du temps passé on ne prenait pas tant de précautions, et que les gens étaient plus forts qu'aujourd'hui. A cela il est raisonnable de répondre qu'il ne faut pas juger des enfants du temps passé par deux ou trois vieillards qui ont survécu à leur génération. Alors, comme aujourd'hui, plus qu'aujourd'hui même, une foule d'enfants périssaient ou menaient toute une vie misérable, parce que leur éducation physique avait été négligée, et ceux-là seuls survivaient qui avaient une constitution plus forte que la constitution moyenne. Du temps passé, du reste, on n'allait que peu ou point à l'école, et c'est précisément parce que nos enfants sont condamnés, par les exigences de la société actuelle, à passer le quart de leur vie dans les écoles, qu'il faut veiller avec d'autant plus de soin à la salubrité de ces dernières.

Du reste, ce que je dis de l'assainissement des écoles s'applique à toutes les habitations; il faut d'abord montrer l'exemple à l'école, et faire comprendre ces précautions aux enfants, aux élèves des écoles du soir et à leurs parents. Plût à Dieu que ces mesures fussent partout bien comprises et exécutées ! les circulaires du Pouvoir seraient enfin exécutées, et nous ne verrions pas des épidémies meurtrières revenir, à des époques rapprochées, ravager des communes et des provinces entières, plonger les familles dans le deuil, et réduire à la mendicité tant de pauvres orphelins. L'hygiène bien pratiquée est une sauvegarde, non-seulement pour la santé, mais pour la richesse publique. Quand on examine sérieusement ses rapports et ses règles pratiques comparées avec celles d'une bonne économie agricole, on est étonné de leur concordance et de l'appui mutuel que se prêtent ces deux branches si nécessaires à la prospérité des campagnes. Appelé par mes devoirs de médecin dans des chaumières étroites, mal éclairées, dont les habitants ne sont séparés que par une cloison du bétail qui séjourne pendant des mois entiers dans des fumiers moisis et putréfiés, j'y ai toujours trouvé la misère associée aux scrofules, à l'ignorance, à l'apathie physique et morale. Il m'a souvent suffi d'observer les mares de purin, les eaux stagnantes et les immondices qui environnent certaines habitations, pour prédire, avant de pénétrer dans leur intérieur, la situation de leurs habitants. Le plus simple raisonnement suffit pour comprendre le rapport direct de ces causes avec leurs effets. Laisser croupir des animaux sur des litières infectes, dans des étables mal aérées, c'est perdre une partie de leurs produits, vicier leur constitution, s'opposer à leur croissance et à leur engraissement, les exposer aux maladies et à la mort : première source de perte. Laisser pourrir du fumier à l'étable, c'est lui faire perdre un tiers de sa valeur ; laisser écouler et évaporer le purin à l'air libre, c'est perdre un autre tiers de l'engrais ; voilà donc deux tiers d'engrais perdus et par conséquent deux tiers de récolte en moins : deuxième source de pauvreté. Enfin les personnes qui s'empoisonnent ainsi volontairement dans une atmosphère de miasmes putrides sont souvent malades, toujours chétives, perdent l'énergie morale, la force musculaire et l'aptitude au travail : dernière source de misère et de malheurs. C'est ainsi que l'inobservance des règles hygiéniques est elle-même une faute contre la bonne économie agricole, et que la pratique journalière des préceptes de ces deux branches deviendrait, au contraire, une source féconde de prospérité et de bonheur public.

§ II. — *Emplacement des locaux d'école et des habitations.*

Lorsqu'on a à choisir l'emplacement d'une école ou d'une habitation, on doit éviter le voisinage des sources de miasmes que je viens de signaler, et donner la préférence au sol calcaire, à un lieu élevé, sec, plutôt légèrement incliné vers le levant ou le midi que vers le nord ou l'ouest. Pour une école, il convient de s'écarter du bruit et d'une nombreuse fréquentation, et de rester à une certaine distance des grandes routes et des habitations agglomérées (1). Le terrain qui convient à la construction d'une école doit avoir assez d'étendue pour fournir non-seulement l'espace destiné aux salles pour les élèves, et à l'habitation de l'instituteur et à toutes ses dépendances, mais une cour clôturée de haies vives et plantée de quelques arbres à haute tige, un jardin légumier, et s'il est possible, une terre arable destinée à une pépinière et à quelques semis de céréales

(1) Cette précaution était plus usitée anciennement qu'aujourd'hui ; à Athènes, à Rome, à Alexandrie, les établissements d'éducation étaient bâtis dans les positions les plus élevées, près des palais et des temples. On lit dans les lettres patentes de saint Louis, de l'an 1250, qu'il affecta pour la construction du premier collége avec pensionnat fondé à Paris (Sorbonne) un terrain situé hors de Paris, pour en assurer la salubrité. La reine Jeanne de Navarre fonda, en 1304, le collége de son nom *sur le haut de la montagne de Paris, pour y être l'air vraisemblablement plus sain qu'en la fondrière qui est accompagnée des dégoûts de la ville.* (Pasquier, *Recherches sur la France.*)

et de fourrages. Il est bien entendu que je parle ici pour les communes rurales où l'on peut souvent obtenir un tel emplacement, pourvu qu'on n'ait pas la prétention de le rencontrer au centre du village. Là, l'enseignement doit avoir une teinte agricole dès son début, et jamais l'instituteur ne pourra lui donner ce caractère s'il n'est à même de joindre l'exemple au précepte et de mettre sous les yeux des élèves des essais de culture perfectionnée.

Si le même bâtiment doit contenir des écoles séparées pour les deux sexes, on doit avoir soin de placer chacune de ces écoles aux extrémités du bâtiment, afin que l'habitation des maîtres occupe entre elles un intervalle suffisant pour pouvoir isoler par des clôtures les cours et les jardins de chaque école. De plus, les entrées des classes seront pratiquées à des façades opposées, de manière à éviter que les élèves de sexe différent ne se rencontrent dans leurs allées et venues. Mieux vaudrait sans doute choisir des emplacements distincts et séparés par une certaine distance. mais il en résulterait une augmentation de frais souvent disproportionnée avec les ressources des communes.

§ III. — *Bâtiments d'école. — Matériaux, dimensions, etc.*

Si l'on peut choisir entre les divers matériaux propres à la construction, on doit donner la préférence à la brique, parce que les murailles en sont plus sèches et non moins solides. L'ardoise et la tuile doivent, pour la couverture. être préférées à la paille, à cause de la solidité et des risques moins grands d'incendie et de dégradation.

L'aspect d'une maison d'école doit être simple, mais porter un certain caractère de distinction qui inspire aux enfants du respect pour le lieu où ils vont puiser la moralité et l'instruction. Sans augmenter les dépenses, on peut apporter un soin particulier à la façade et à la disposition intérieure des salles. Un bon plan est une chose assez rare ; il évite cependant bien des dépenses superflues, et surtout de bien graves inconvénients sous le rapport hygiénique et moral. J'aurai soin d'en donner quelques-uns, et de les dresser d'après les règles de l'hygiène et de l'économie (1).

Quelle que soit la population d'une commune, il n'est jamais utile de construire des salles pour plus de cent élèves réunis, car il est impossible qu'un seul maître puisse soigner à la fois l'éducation d'un plus grand nombre d'enfants ; soixante serait déjà un chiffre assez élevé pour obtenir de bons résultats. Si donc le nombre d'élèves doit dépasser cent, il faut construire deux salles de moyenne grandeur, séparer les sexes, et se pourvoir d'un instituteur et d'une institutrice. Si les sexes sont déjà séparés, et que le

(1) Un architecte français, M. Bouillon, a publié un traité intitulé : *De la construction des écoles primaires* (chez Hachette, libraire ; Paris, 1854), qui est devenu assez rare dans le commerce, et dans lequel nous avons puisé plusieurs indications précieuses. Ce traité contient six plans de locaux d'école, de dimensions graduées sur le nombre d'enfants : pour 50 élèves, pour 160, filles et garçons réunis, pour le même nombre, les sexes étant séparés, pour 250, etc. Le devis estimatif est joint à chaque projet, et quoique ce devis doive varier selon les localités, ce livre peut toujours être consulté avec fruit par les autorités chargées de faire construire les locaux d'école.

nombre des filles ou celui des garçons dépasse cent, il vaut encore mieux nommer un sous-maître ou une sous-maîtresse, et lui confier les divisions inférieures dans une salle séparée que de placer deux maîtres dans une même salle, et d'occasionner ainsi, sous prétexte d'économie, une confusion de leçons qui nuirait considérablement aux progrès et rendrait presque nul le résultat des dépenses faites pour l'instruction publique. D'un autre côté, je recommande, pour les petites communes, de ne pas s'exposer à construire des salles trop petites, en prenant pour base le chiffre actuel de la population; on sait que celle-ci tend constamment à augmenter, et l'on doit prévoir les besoins de l'avenir. Une classe trop spacieuse est toujours préférable à une salle trop exiguë; celle-ci nuit toujours à la santé des enfants et rend presque impossibles la surveillance et la pratique des bonnes méthodes d'enseignement. (*Voyez* fig. 1, 2 et 3).

Les dimensions à donner à une salle d'école varient selon la méthode d'enseignement suivie. Ainsi la méthode mutuelle exige des couloirs plus grands pour former les cercles et pour placer les moniteurs. Une surface d'un mètre carré est nécessaire pour chaque élève soumis à l'enseignement mutuel. L'espace doit être moins grand pour les écoles dirigées par la méthode simultanée. La surface de la classe doit être calculée à raison de 65 décimètres carrés par élève, indépendamment de l'espace à laisser pour les couloirs, l'estrade, etc.

On s'accorde généralement à reconnaître que, pour obtenir de bonnes proportions dans une salle d'école, il faut que la largeur soit à la longueur comme 4 est

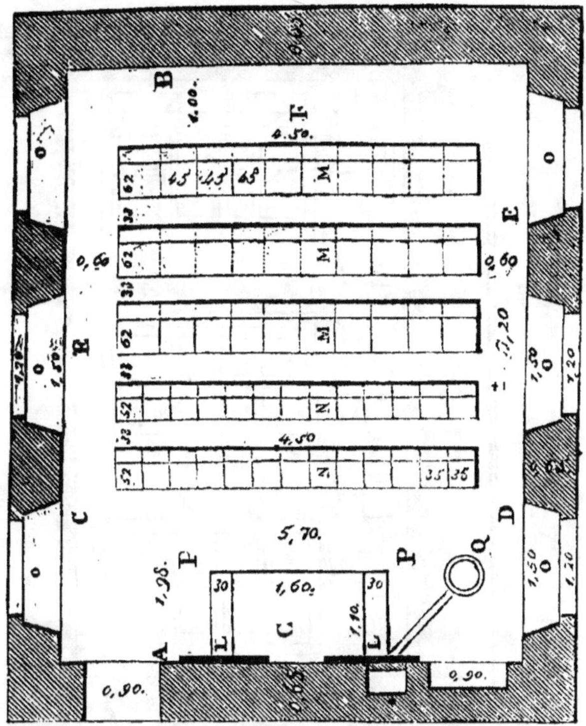

Fig. 1.

SALLE POUR 50 A 60 ÉLÈVES DU MÊME SEXE.

E. Couloir. — **P.** Parquet où se trouve l'estrade du maître **G.** —
A. Porte d'entrée. — **K.** Armoire fermant à clef, avec étagères pour
l'usage du maître et des élèves. — **L.** Tableaux noirs. — **M.** Tables-
pupitres pour les commençants, d'une longueur calculée sur 35 centimètres par élève. — **N.** Tables-pupitres pour la division moyenne
et la division supérieure d'une longueur calculée sur 45 centimètres.
— **O.** Fenêtres. — **Q.** Poêle.

Les latrines ne sont pas figurées sur ce plan. — *Voyez* la planche V
pour les locaux accessoires.

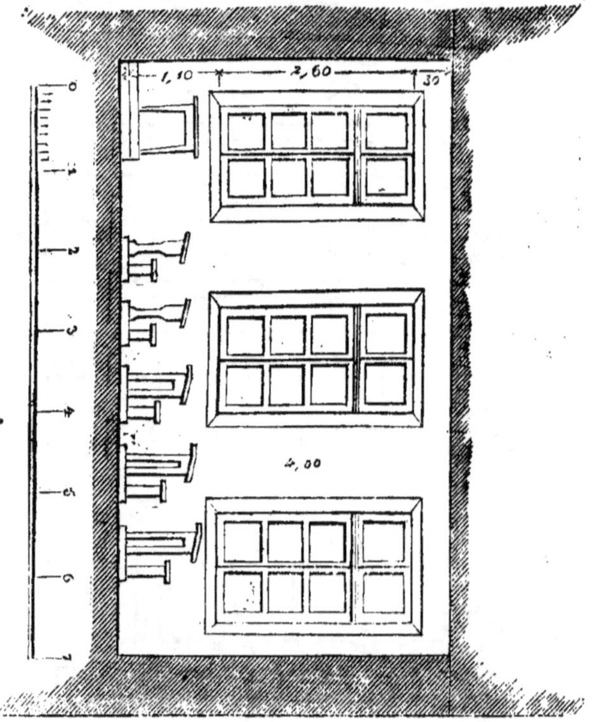

Fig. 2.

Coupe verticale de la salle dont la surface est figurée au n° 1.

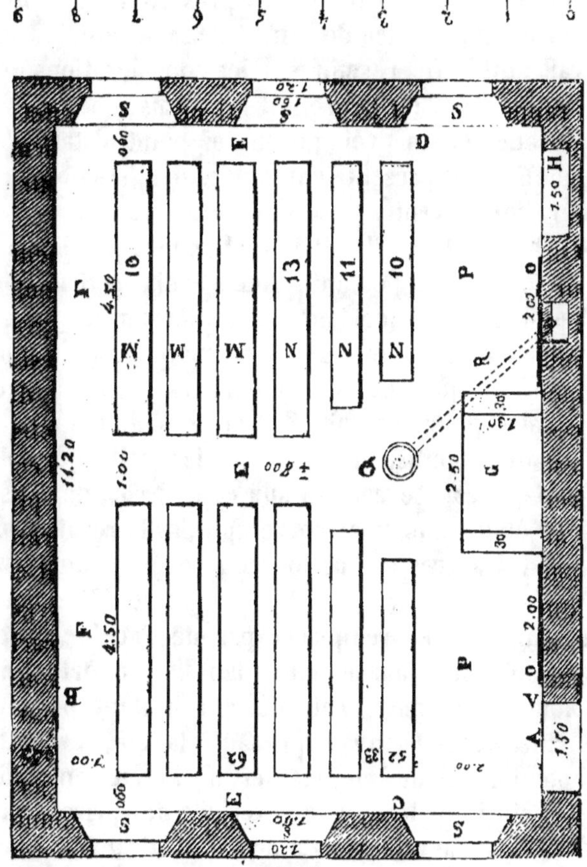

Fig. 3.

SALLE POUR 100 A 130 ÉLÈVES.

A. Porte d'entrée. — **E.** Couloirs. — **F.** Arrière-place. — **Q.** Poêle
calorifère avec un conduit souterrain R pour l'entrée de l'air extérieur. — **G.** Estrade pour le maître. — **H.** Armoire avec étagère.
O. Tableaux noirs. — **P.** Parquet. — **M.** Tables pour les divisions
moyenne et supérieure. — **S.** Fenêtres.

Les latrines ne sont pas figurées. — *Voir* planche V.

à 5. L'élévation de la salle doit varier de 5 1/2 mètres à 4 mètres, selon l'étendue. Après avoir fait comprendre l'importance de l'air et de sa pureté, il semblerait inutile de revenir sur les considérations qui s'y rapportent, et je m'en abstiendrais, en effet, si l'ignorance et les préjugés sur ce point n'étaient si répandus et ne présentaient tant de dangers pour les générations à venir.

On a calculé qu'il fallait à l'homme, par heure, pour rester bien portant, douze à dix-neuf mètres cubes d'air. Lorsque l'on a à renfermer un grand nombre d'êtres vivants dans un espace clos, il est indispensable qu'il puisse contenir la quantité d'air nécessaire pour la viabilité et la santé de ces êtres ; il est donc indispensable que les salles d'école offrent un espace calculé sur cette base ; de plus, cet air étant sans cesse corrompu par la respiration et par les autres émanations du corps, il doit être fréquemment renouvelé. Si la quantité d'oxygène est diminuée et remplacée par de l'acide carbonique ou autres gaz exhalés dans la proportion de quelques millièmes, l'air devient irritant pour la poitrine, excite la toux, appesantit la tête, et si cette proportion venait à augmenter, il y aurait danger de mort, ainsi que le prouve l'exemple des prisonniers indiens que j'ai cité. Il n'y a donc pas à transiger avec les prescriptions de l'hygiène ; il faut, dans une salle d'école comme dans tout lieu destiné à contenir beaucoup d'individus, un grand espace pour recéler beaucoup d'air et pouvoir le renouveler. Mais, dira-t-on, si notre salle est très-longue et très-large, elle n'a pas besoin d'être si élevée : erreur ! Si elle a une grande surface, elle pourra un jour contenir un plus grand nombre d'élèves, elle a ainsi d'autant plus besoin d'être élevée. Puis il faut, pour que la santé ne soit pas compromise, que le renouvellement de l'air ait constamment lieu par des courants établis, non pas sur la tête des élèves, mais à 2 mètres au-dessus. Ainsi une des conditions essentielles de la salubrité d'une salle qui doit contenir cent élèves, c'est que 1,000 à 1,200 mètres cubes d'air pur y entrent à chaque heure et en expulsent une quantité égale d'air vicié. Eh bien, pour qu'un pareil déplacement puisse s'opérer, il faut de l'espace, et surtout de l'espace en hauteur. Il faut, en outre, des moyens spéciaux que nous exposerons bientôt.

§ IV. — *Influence de l'air humide et de l'air trop sec.*

L'air influe encore sur l'homme par son degré de froid ou de chaleur, soit par ses variations brusques, soit par sa sécheresse ou son humidité.

L'air humide est toujours malsain; humide et froid, il fait naître une foule d'affections catarrhales; humide et chaud, il rend toutes les fonctions lentes et difficiles, comprime l'exercice de l'intelligence et prédispose aux fièvres graves. L'air chaud et sec dessèche les organes respiratoires et favorise les congestions.

Un froid modéré exerce une influence très-bienfaisante, active toutes les fonctions, et surtout les fonctions intellectuelles; mais il exige le mouvement du corps et des membres, sans quoi il cesserait, au bout de quelque temps, d'être modéré, et par conséquent bienfaisant. Le froid excessif produit le ralentissement de toutes les fonctions, l'engourdissement, le sommeil et la mort. C'est pourquoi il est si dangereux de céder à l'envie de dormir quand on est exposé à un froid intense. C'est aussi pour cela qu'il ne faut pas, pendant les froids rigoureux, prendre des boissons spiritueuses en grande quantité, car elles favorisent l'engourdissement, la congélation et la mort, au lieu de les empêcher. De grands mouvements du corps sont les seuls moyens préservatifs de ces accidents.

Ainsi donc, pour lutter contre le froid, il faut de l'exercice : mais comme l'exercice du corps n'est guère possible pendant la classe, il faut bien, par des moyens artificiels, modérer, en hiver, la température de l'air intérieur.

Les moyens de chauffage devant coopérer plus ou moins à l'assainissement et au renouvellement de l'air des écoles, je les exposerai en traitant de la ventilation.

La lumière est d'une nécessité majeure pour la conservation de la santé de tous les êtres vivants. Les végétaux que l'on soustrait à l'action bienfaisante de la lumière deviennent blancs et perdent leur dureté, parce qu'ils ne reçoivent plus leur stimulant nécessaire. De même, les personnes qui habitent des rues étroites et obscures, des chaumières mal éclairées, sont le plus souvent faibles, pâles et sujettes aux humeurs froides. C'est surtout dans l'enfance que ces effets se font remarquer de la manière la plus évidente. Aussi la distribution de la lumière dans une salle d'école est-elle un des points les plus importants de leur hygiène. D'un autre côté, une lumière trop vive provenant soit du soleil, soit des éclairs, soit de fourneaux, de foyers ou de gaz incandescents, peut occasionner des maux d'yeux et même rendre aveugle.

Le placement et la construction des fenêtres influant non-seulement sur l'éclairage, mais sur la ventilation des écoles, je vais déduire, des considérations qui précèdent, toutes les règles hygiéniques qui se rapportent à ces deux objets importants.

D'après M. Bouillon, il faudrait, pour l'ouverture des fenêtres des écoles, donner la préférence au côté de l'est, de l'ouest ou du nord, de manière à ce que le soleil *n'y pénètre pas durant la journée*. Je ne puis me ranger à cet avis, du moins pour les écoles de Belgique. Il est possible qu'à Paris, et surtout dans les parties méridionales de la France, il faille redouter la pénétration des rayons solaires dans les écoles : mais, sous notre climat du nord, cette pénétration est loin d'être à craindre si l'on use des précautions que j'indiquerai pour sauvegarder la vue. Elle est au contraire désirable, le matin et le soir en été, et le plus souvent possible en hiver. Dans cette saison surtout, rien n'est vivifiant comme un rayon de cet astre bienfaisant. Tous les êtres vivants en éprouvent, sous notre climat, un véritable bien-être physique et moral ; et comme les écoles sont plus fréquentées en hiver qu'en été, comme à la campagne elles ne le sont que peu ou point pendant les ardeurs de la canicule, je crois qu'il vaut mieux des fenêtres à l'est en tout temps, mais qu'il est préférable, dans tous les cas, d'en avoir au midi qu'au nord seulement.

On avait essayé, à Paris, d'éclairer les écoles comme les ateliers des peintres, en faisant pénétrer la lumière par le plafond, mais ce moyen d'éclairage n'a été reconnu utile qu'autant qu'on ne pouvait disposer des autres. On lui reproche d'être dangereux pour la vue, parce qu'il n'offre aucune possibilité de se garantir en été de l'ardeur du soleil. De plus, en hiver, la colonne d'air échauffé montant constamment au sommet et se refroidissant au contact des vitraux froids et glacés, il devient très-difficile d'obtenir une chaleur modérée. M. le docteur Cunier, cherchant à sauvegarder la vue des élèves, a fait tracer, par M. l'architecte Goffart, un plan d'école où le même système d'éclairage est conseillé, mais avec un perfectionnement assez important : entre le lanterneau et l'atmosphère de l'école, il place des vitres dépolies qui tamisent la lumière, la rendent moins vive, et empêchent le refroidissement des couches supérieures de cette atmosphère, en s'opposant à leur contact avec le vitrage extérieur du lanterneau. Je donne ce plan, tracé d'après les indications de M. Cunier, plan qui d'ailleurs est recommandable sous d'autres rapports, mais qui, à mes yeux, présente encore un immense inconvénient, celui d'une obscurité complète chaque fois que la neige ou une gelée très-forte viendra rendre opaques les vitres placées au sommet de l'édifice. (*Voy.* fig. 4, 5 et 6.)

M. Bouillon donne aux fenêtres deux mètres de largeur sur un mètre et demi de hauteur, et il les place à deux mètres au-dessus de l'aire de la salle. Cette disposition a un seul avantage, celui d'empêcher les élèves de regarder par les fenêtres et d'être

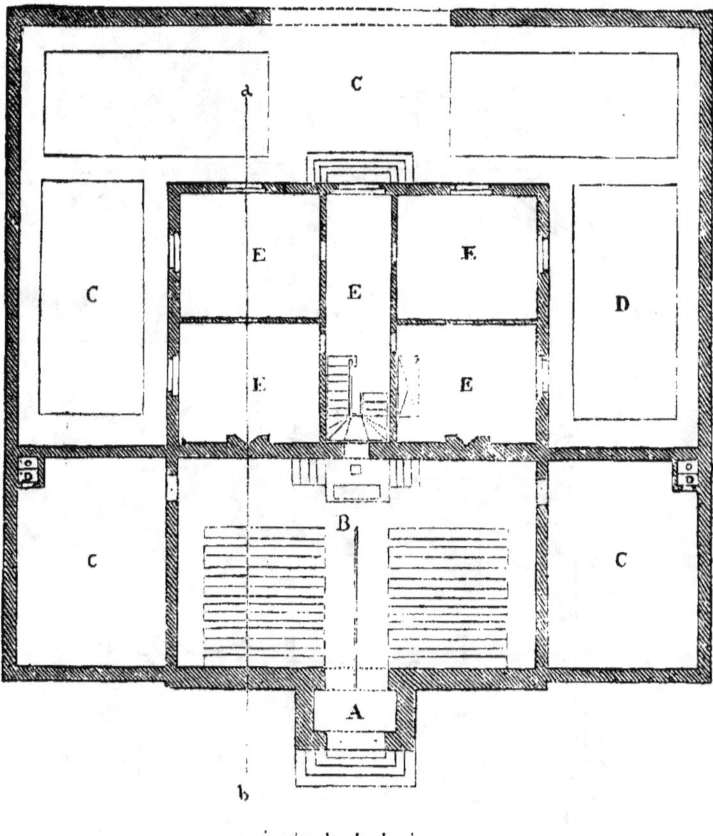

Fig. 4.

A. Porche disposé de façon à empêcher l'entrée directe de l'air dans la salle. — **B**. Salle d'école éclairée par le haut à travers deux lanterneaux revêtus chacun de deux châssis dont l'un intérieur en verre mat. Le bâtiment est établi sur un souterrain dans lequel est placé un calorifère. — **C**. Cour à l'usage des élèves. — **D**. Latrines.

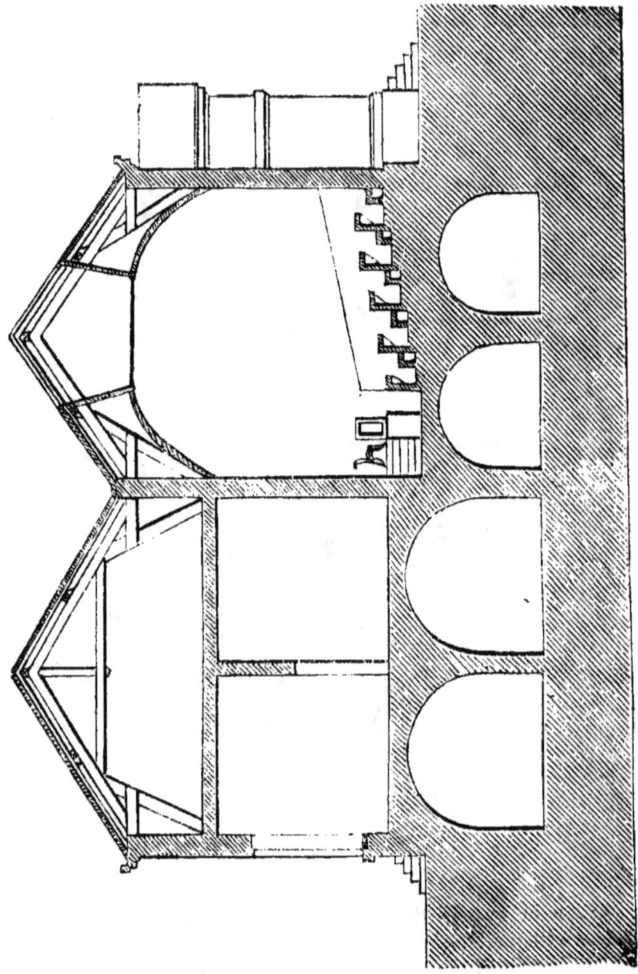

Fig. 5.

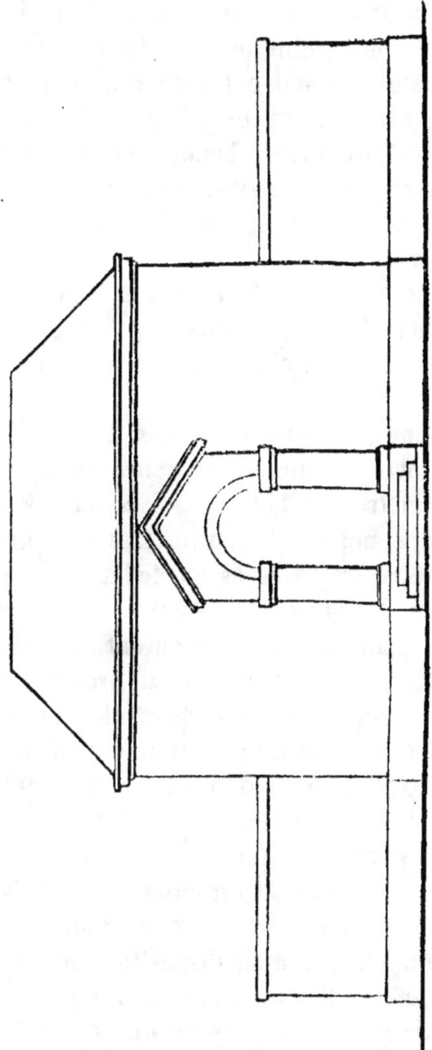

Fig. 6.

distrait par la vue de ce qui se passe dans la rue ; mais comme on peut l'obtenir avec des fenêtres placées à un mètre ou un mètre trente centimètres de hauteur en rendant les premiers carreaux opaques, il me paraît qu'il faut abandonner cette disposition, parce qu'elle donne aux salles d'école l'aspect d'une écurie aux chevaux et rend les façades lourdes et disgracieuses.

La salle doit être distribuée de telle sorte que le jour principal vienne à gauche de l'élève, puis au dos, et que jamais une clarté trop vive ne lui arrive en face.

Les fenêtres pour les salles d'écoles ordinaires doivent avoir 1 mètre 20 centimètres à 1 mètre 50 centimètres de largeur sur 2 mètres 50 centimètres à 2 mètres 70 centimètres de hauteur ; elles doivent être très-évasées en dedans afin que la lumière se distribue largement à l'intérieur. Quoique les plans donnés présentent des fenêtres de deux côtés, si on voulait bâtir avec économie, on pourrait supprimer les fenêtres du couchant et en placer trois au levant ; mais il faut bien se garder d'en mettre une seule d'un côté et une seule de l'autre : la lumière alors est confuse, et le placement des élèves devient très-difficile.

Les fenêtres offrent un moyen de ventilation très-économique qu'il faut chercher à utiliser, surtout quand on n'a pas à sa disposition des moyens plus parfaits et que l'élévation de la salle permet d'établir des courants à 2 mètres au-dessus de la tête des enfants.

Le docteur Ch. Pavet, dans son hygiène des col-

léges, donne un modèle de fenêtre à coulisse destinée à procurer des courants ventilateurs; en faisant
glisser le châssis supérieur sur l'inférieur, il s'opère
au-dessus un vide plus ou moins grand par lequel l'air
extérieur peut pénétrer; et pour forcer celui-ci à se
diriger vers le plafond, un conducteur est adapté au
châssis supérieur, de manière à former avec la surface
intérieure de ce dernier un angle obtus. Il me paraît
qu'il est possible de simplifier cet appareil et d'obtenir le même résultat en modifiant les fenêtres déjà
placées. Il s'agirait tout simplement de remplacer les
carreaux supérieurs, qui sont ordinairement fixés,
par des carreaux montés sur un encadrement particulier et articulé à la fenêtre par deux charnières placées à sa base.

Cet encadrement particulier des carreaux supérieurs serait exactement construit comme un pupitre
simple qu'on place sur une table pour écrire, avec
cette différence que la tablette sur laquelle on écrit
serait la vitre; les deux côtés s'emboîteraient dans la
fenêtre, lorsque le ventilateur serait fermé; quand on
l'abaisserait, ces deux côtés empêcheraient l'air de
s'échapper à droite et à gauche et le forceraient ainsi
à pénétrer par le côté supérieur. Un appareil semblable, placé à chaque fenêtre, suffirait pour établir
des courants qu'on pourrait modérer à volonté et qui
sont infiniment préférables aux ventilateurs à roue
mobile en fer-blanc, inventés par le docteur Haller,
qui ne sont applicables qu'aux salles de très-petite
dimension.

Mais les ouvertures pratiquées aux fenêtres donnent bien une entrée à l'air libre, et, sous l'influence

de certaines conditions, facilitent aussi la sortie de l'air altéré ; mais il s'en faut de beaucoup que cette sortie ait toujours lieu régulièrement par ce moyen simple, et il faut bien avouer que les tuyaux des cheminées d'aérage sont infiniment préférables pour l'expulsion de l'air vicié.

Nous avons vu que l'air échauffé par la respiration et les émanations de notre corps est dilaté et tend par conséquent à s'élever ; c'est donc au plafond de l'école qu'il faut pratiquer les ouvertures destinées à l'échappement de l'air corrompu ; à ces ouvertures on adapte des tuyaux en planche de 3 décimètres de côté et s'ouvrant dans le grenier, ou mieux au-dessus du toit. Un semblable tuyau peut, dans une heure, aspirer 324 mètres cubes d'air, quantité nécessaire à la respiration de vingt-cinq à trente individus. On en place deux, trois ou quatre au plafond de l'école, selon le nombre d'élèves. Il est plus simple encore, lorsqu'on construit des bâtiments, de pratiquer ces cheminées d'aspiration dans l'épaisseur même des murailles ; on peut d'ailleurs obtenir des résultats analogues, en divisant la cheminée ordinaire en trois conduits distincts, dont celui du centre serait exclusivement réservé à l'aspiration du foyer. Mais, dans tous les cas, comme l'aspiration est plus ou moins active, selon la différence des températures extérieure et intérieure, et comme en hiver le besoin d'air frais se fait moins sentir, on peut modérer à volonté l'aspiration de ces tuyaux d'aérage, en plaçant dans leur intérieur une planchette formant une bascule à l'aide de tourillons excentriques, c'est-à-dire situés hors de la ligne qui passe par le centre. Le côté le plus large

et le plus pesant de cette planchette l'emporte et lui
fait prendre la position verticale, de sorte que le
tuyau est tout à fait libre : si l'on veut le fermer à
demi ou tout à fait, on tire plus ou moins une ficelle
attachée au côté le plus étroit de la planchette, et on
ramène celle-ci dans une position plus ou moins ho-
rizontale. Un moyen plus simple encore serait d'adapter dans l'intérieur du tuyau une clef en bois, comme
il s'en trouve dans les tuyaux en tôle qui servent aux
poéles, et de la tourner plus ou moins à volonté.
Pour les salles déjà construites et qui manquent d'appareils de ventilation, je ne saurais trop recommander les tuyaux d'aérage en planches ; la simplicité de
cet appareil le rend infiniment moins coûteux que
les autres : une dépense de 4 à 5 francs suffit pour
leur établissement. (D. Hanquet.)

Lorsque la salle d'école est placée immédiatement
en dessous du grenier, on peut, pour augmenter sa
capacité, construire son plafond en voûte, en ayant
égard aux conditions nécessaires pour ne pas déterminer trop de retentissement ni d'écho. Au milieu
de cette voûte on pratiquera une ouverture de 1 mètre
50 centimètres de côté ; cette ouverture communique-
rait avec l'air extérieur au moyen d'une cheminée
persienne, traversant le grenier et dépassant le toit
de la maison d'école. Cette cheminée aurait 2 mètres
de hauteur et ne serait fermée en persienne que dans
sa moitié supérieure (1).

(1) Cette disposition des écoles en voûte est une importation an-
glaise, et je ne sache pas qu'elle ait réussi en Belgique. La seule salle,
à Bruxelles, où cette disposition ait été adoptée, est celle de l'école mutuelle communale ; la résonnance que la parole et le moindre bruit y

Mais il ne suffit pas d'expulser l'air devenu impropre à la respiration, il faut encore le remplacer par une égale quantité d'air pur. C'est dans ce but que j'ai recommandé les ventilateurs placés aux fenêtres, et que je recommanderai bientôt l'appareil de M. Peclet; mais le conseil supérieur d'hygiène publique de Belgique m'a fait remarquer avec raison que, durant l'été, l'élévation de la température pourrait rendre ces différents moyens insuffisants, et il conseille d'y ajouter des ouvertures de 20 centimètres de côté qui, pratiquées au niveau du plancher dans les coins des salles, permettraient à l'air extérieur de pénétrer librement dans l'école ; des conduits en planches ou en zinc seraient adaptés à ces ouvertures et s'élèveraient à la hauteur nécessaire pour que les courants d'air s'établissent à une distance convenable au-dessus de la tête des élèves ; des clefs seraient placées dans ces conduits pour régler et empêcher au besoin l'entrée de l'air.

Les fenêtres constituent encore un puissant moyen de ventilation, parce que, entre les heures de classe, on peut les ouvrir tout entières, et balayer ainsi d'un seul coup tous les gaz qui, à cause de leur densité, séjourneraient dans les couches inférieures. Il faut cependant avoir égard à l'humidité de l'atmosphère extérieure et ne pas employer ce moyen pendant les pluies abondantes, ni lorsqu'il survient des brouillards épais. Dans tous les cas, l'hiver on devra les fermer quelque temps avant la rentrée des élèves,

procurent rend les leçons confuses et excessivement difficiles à donner et à comprendre. Je préfère une élévation convenable et un plafond horizontal.

afin que la température puisse remonter à 10 degrés, température que la présence des enfants fera bientôt augmenter de plusieurs degrés.

Quelle que soit la puissance des moyens d'assainissement que je viens d'exposer, quoique dans les petites localités ils soient les plus convenables et à peu près les seuls à employer, je dois cependant avouer que l'on y arriverait plus sûrement, en combinant la *ventilation* avec la *calorification*. Les moyens de chauffage des salles d'école doivent être examinés sous ces deux points de vue.

Le mode de chauffage le plus généralement adopté dans les écoles de Belgique est un poêle en fonte, ou en forte tôle, placé au centre de l'école, et muni de longs tuyaux communiquant avec une cheminée ordinaire. Certes, plusieurs inconvénients sont attachés à cette manière de chauffer les écoles. D'abord elle ne sert pas bien à la ventilation; puis elle ne répand le calorique que dans un rayon assez restreint, et laisse presque toujours dans une température assez basse les extrémités de la salle. Mais, tout imparfait qu'il est, le poêle n'en restera pas moins le mode le plus généralement répandu, malgré toutes les proscriptions des hygiénistes et des architectes, et il convient qu'on en tire le parti le moins mauvais possible.

La cheminée, qui doit être mise en communication avec les tuyaux du poêle, doit être élevée de manière à dépasser le toit de l'édifice, et ne pas être dominée par un bâtiment voisin, car alors le vent pourrait en recevoir une direction verticale, et refouler la fumée vers l'intérieur de la salle. Les tuyaux doivent être soigneusement ajustés avec le poêle, et s'élever à une hauteur assez forte dans leur trajet horizontal, de crainte que les enfants, qui se trouvent placés en dessous, n'en ressentent une influence trop directe sur la tête, influence qui les exposerait à des maladies graves. Il ne faut pas non plus que ces tuyaux soient trop longs, proportionnellement à la quantité de chaleur développée au foyer, car alors, en les parcourant, la fumée perdrait trop de calorique, et, comme c'est en vertu de celui-ci qu'elle tend à s'élever et à s'échapper, il en résulterait que le tirage n'aurait plus lieu ; la fumée se répandrait dans le local, et la vapeur d'eau qu'elle contient, venant à se condenser dans la partie des tuyaux la plus éloignée du foyer, formerait un liquide noirâtre et de mauvaise odeur qui suinterait de toutes parts.

Notre honorable confrère M. Hanquez, qui s'est occupé avec une sollicitude toute particulière de la santé des maîtres et des élèves, signale cet inconvénient avec beaucoup de justesse, et en indique le remède : il consiste à rapprocher le poêle de la cheminée et ainsi à diminuer la longueur des tuyaux. On fera bien aussi de faire pénétrer ces derniers d'un mètre ou deux dans l'intérieur de la cheminée, lorsque celle-ci, à cause de sa trop grande largeur, ne pourrait s'échauffer que trop lentement pour favoriser immédiatement le tirage.

Il faut éviter de porter trop loin l'échauffement des poêles en fonte, d'abord parce qu'on peut les faire éclater, puis parce que les matières organiques qui voltigent dans l'air, en venant se décomposer contre la paroi rougie, altèrent celui-ci et lui donnent une mauvaise odeur. D'un autre côté, cette paroi rougie absorbe une partie de l'oxygène et de la vapeur d'eau nécessaire au bon état de l'air. D'ailleurs j'ai déjà dit que la température de la salle d'école ne doit jamais être trop élevée, et qu'un froid très-modéré est plus utile à l'enfance qu'une température trop élevée. Aussi, comme il faut toujours se défier de ses sensations, car l'habitude peut les pervertir, je conseille aux instituteurs de suspendre près de leur estrade un thermomètre, et de veiller à ce qu'il ne dépasse jamais 12° Réaumur, ou 15° centigrades.

Dans les écoles gardiennes, il est nécessaire qu'un treillage en bois ou en fer empêche les enfants d'approcher trop près du poêle. Cette précaution serait également bonne dans les écoles primaires, pour empêcher qu'avant l'ouverture de la classe, les enfants arrivant, pendant la rigueur de l'hiver, avec les mains et les pieds engourdis par le froid, ne vinssent les réchauffer trop subitement en les approchant trop près du foyer, et ne contractent ainsi des engelures qu'ils éviteraient, s'ils se réchauffaient lentement et plutôt par le mouvement qu'à l'aide de la chaleur artificielle.

Lorsqu'il est impossible de répartir la chaleur assez uniformément dans toute la salle et que l'instituteur remarque que les élèves trop éloignés souffrent du froid, il doit parfois leur permettre de se rapprocher du feu, ou bien il dirigera les exercices de ses diverses divisions, de manière à amener des déplacements soit vers les tableaux placés au centre, soit en formant un groupe de répétition, etc.

Le poêle ordinaire, tout défectueux qu'il est, est déjà un moyen de ventilation, car il s'établit toujours un courant d'air nouveau très-actif qui pénètre dans la salle, principalement par la porte d'entrée et par les interstices que laissent toujours les autres ouvertures. Le courant qui se dirige de la porte d'entrée vers le foyer doit fixer l'attention de l'instituteur ; et afin qu'un air glacé ne traverse pas constamment l'espace occupé par les élèves, il est à désirer que la porte se trouve placée vis-à-vis du couloir principal où le poêle est établi. Du reste, avant de désigner le placement d'une porte dans une salle d'école, il est toujours indispensable de se représenter la position qu'occuperont les bancs-pupitres où les élèves doivent s'asseoir ; ainsi, s'il s'agit d'une école peu nombreuse et destinée à un seul sexe, c'est-à-dire, si une seule rangée de bancs doit suffire, ceux-ci seront placés de manière à recevoir la lumière à gauche, et la porte trouvera sa place à l'angle droit de la façade. Si, au contraire, les dimensions de la salle et la disposition des fenêtres indiquent deux rangées parallèles de bancs-pupitres, le couloir et la porte devront se trouver au centre. (*Voyez* les fig. 1 et 2.)

Mais, pour obtenir la pénétration d'une suffisante quantité d'air nouveau, il faudrait laisser la porte ouverte, et cela serait, en hiver, dangereux pour la santé des élèves. D'un autre côté, dans les temps froids et pluvieux, l'air nouveau qui pénètre arrive avec le degré de froid et d'humidité de l'atmosphère extérieure, et il serait à désirer qu'il ne pût se repandre dans l'école qu'après avoir été préalablement échauffé : c'est là le grand avantage que présente le

calorifère; il constitue le moyen de chauffage le plus
salubre et le mode de ventilation le plus puissant ;
mais il offre, à la campagne surtout, quelques inconvénients qui le rendent impossible dans la plupart de
nos écoles, surtout parce que l'établissement en est
assez coûteux, et qu'il nécessite l'emploi d'une personne étrangère à l'école, pour l'entretien du feu, et
ce sont là des dépenses qui ne sont pas généralement
en rapport avec les ressources des communes rurales.
Ce mode de chauffage convient principalement aux
grands établissements où il pourvoirait à la calorification de plusieurs salles.

Pour les écoles ordinaires, M. Bouillon conseille
un poêle calorifère que l'on place dans la salle même
et dont il donne une description assez compliquée ;
celui qui me paraît le plus simple et le plus convenable sous tous les rapports est l'appareil décrit par
M. Peclet, inspecteur général des études, en France,
(*Conseils pédagogiques*), dans les termes suivants :
« Soit A B C D, figure 7, la coupe longitudinale
« d'une salle d'école ; *a b c d,* un poêle simple en
« tôle forte ou en fonte, supporté par quatre pieds ;
« *e f g h,* le tuyau à fumée du poêle : ce tuyau,
« après s'être élevé verticalement à une certaine hau-
« teur, parcourt la longueur de la salle et pénètre
« dans un large tuyau de cheminée ; *i k l m,* un
« cylindre de tôle qui environne le poêle de toutes
« parts, fermé supérieurement et percé vers le haut
« d'un grand nombre de larges orifices ; *q r s,* un
« canal par lequel l'air extérieur peut pénétrer dans
« l'intervalle qui sépare le poêle de son enveloppe ;
« enfin *t u,* un ou plusieurs orifices par lesquels l'air

5.

« de la pièce peut se rendre dans la cheminée.
   « Il est évident, d'après cette disposition, que,
« quand on brûlera un combustible quelconque dans
« le poêle *a b c d*, l'air extérieur entrera dans le
« canal *s r q*, et qu'après s'être échauffé autour du
« poêle, il s'introduira dans la pièce par les orifices
« *n p;* que l'air de la pièce sera échauffé en outre

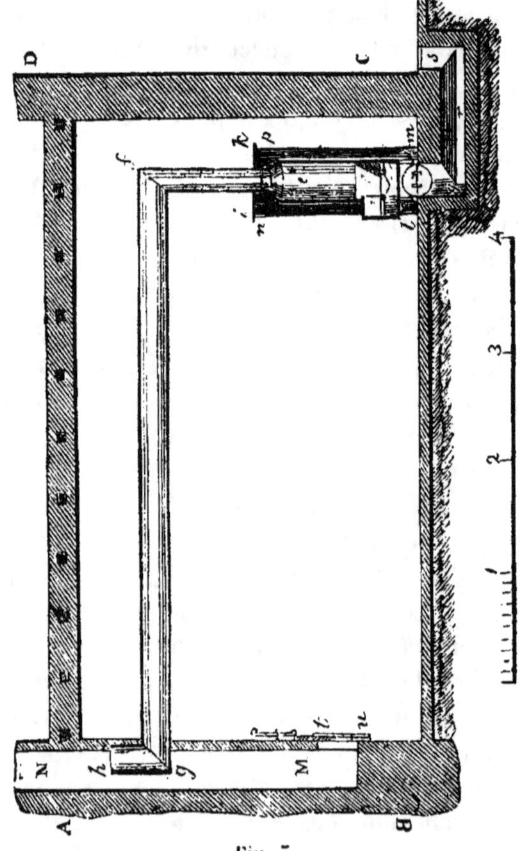

Fig. 7.

« par le tuyau à fumée *e f g*, et que l'air s'échappera
« par la cheminée M N, en vertu de la pression que
« la colonne d'air chaud qui environne le poêle éta-
« blira dans la pièce et de la force ascensionnelle de
« l'air de la cheminée. Par conséquent, si les diffé-
« rentes parties de l'appareil ont des dimensions
« convenables, et si l'on brûle une quantité suffisante
« de combustible, on pourra obtenir dans la pièce
« une température et une ventilation données. Il est
« important de remarquer que, par cette disposi-
« tion, l'air qui s'élève, entre le poêle et son enve-
« loppe, se meut avec une grande vitesse ; que la
« surface du poêle se refroidit rapidement, et qu'il
« faudrait produire une combustion bien vive pour
« que cette surface acquît une température assez
« élevée pour donner à l'air une mauvaise odeur.

« Dans les salles d'école, le calorifère doit être
« placé près de l'estrade, parce que le maître doit
« surveiller lui-même le chauffage.

« Examinons maintenant les différentes parties
« du calorifère, les différentes formes qu'on peut
« leur donner et les dimensions qu'elles doivent
« avoir.

« *Poêle.* — Les poêles peuvent être en tôle forte
« ou en fonte. Pour la houille, les briquettes de
« poussière de houille, la tannée et la tourbe, ils
« doivent être circulaires. Pour le bois, il est plus
« convenable de donner à leur base la forme d'un
« rectangle allongé. Pour toute espèce de combus-
« tible, il est avantageux d'employer des grilles et de
« faire entrer au-dessous l'air qui doit alimenter la
« combustion.

« Voici les dimensions pour un appareil de petit
« modèle :

« Hauteur totale du poêle. . . . . . . 1^m,50
« Hauteur des pieds. . . . . 0^m,20
« Hauteur du cendrier. . . . . 0^m,15
« Hauteur de la porte du foyer. . . . 0^m,15
« Largeur,   idem. . . . . . 0^m,20
« Diamètre du poêle . . . . 0^m,40
« Intervalle du poêle et de l'enveloppe. . 0^m,06
« Hauteur de la partie de la chemise
percée d'orifices ou fermée par une tôle mé-
tallique . . . . 0^m,20

« Lorsque les poêles sont destinés à brûler du
« bois, on peut leur donner 0^m.45 de profondeur
« sur 0^m.30 de largeur.

« Il est important de garnir de briques l'intervalle
« qui sépare les bords de la grille du corps du poêle,
« jusqu'à une hauteur de 0^m,20, en donnant à cette
« maçonnerie la forme d'une trémie. Pour plus de
« simplicité dans la construction, le chapeau du
« poêle peut être seulement posé et non cloué ; cette
« disposition permet de placer plus facilement la
« grille. La chemise doit être clouée à trois mon-
« tants en fer qui se recourbent horizontalement à
« la partie inférieure ; ces appendices servent à les
« fixer sur le sol au moyen de vis.

« L'orifice placé au-dessus du poêle, et par lequel
« l'air extérieur s'introduit dans l'espace qui le sé-
« pare de son enveloppe, doit être garni d'un registre
« au moyen duquel on puisse facilement fermer cet
« orifice. L'enveloppe du poêle doit être garnie, à la
« partie inférieure, d'une grande ouverture ordinaire-

« ment fermée, mais qui, lorsqu'elle est ouverte et que
« le registre du tuyau d'accès de l'air extérieur est
« fermé, permet à l'air de la pièce de s'introduire
« dans l'enveloppe. Par cette disposition, on peut
« chauffer la salle avant l'arrivée des élèves, sans
« produire de ventilation, et par conséquent en dé-
« pensant beaucoup moins de combustible.

« Les figures 2, 3, 4, 5 et 6 représentent une élé-
« vation et différentes coupes d'un appareil rectan-
« gulaire de la plus petite dimension. La figure 2 est
« une élévation du côté des portes; la figure 3, une
« coupe verticale dans le sens de la longueur du foyer;
« la figure 4, une coupe verticale perpendiculaire à la
« précédente; les figures 5 et 6, des horizontales à la
« hauteur du foyer et au-dessous du cendrier. Dans
« toutes ces figures, les mêmes lettres indiquent les
« mêmes objets. A B C D, poêle en fonte ou en tôle;
« A′ B′ C′ D′, enveloppe extérieure en tôle fixée sur
« le sol; E, foyer environné sur trois côtés d'un
« revêtement en briques; F, cendrier; G, porte du
« foyer; H, porte du cendrier; I, porte au moyen
« de laquelle on permet à l'air de la pièce de circuler
« dans le poêle; K, registre du tuyau d'appel d'air;
« L, registre du tuyau à fumée; M, maçonnerie du
« foyer; P Q R, écrous qui servent à fixer l'enve-
« A′ B′ C′ D′ sur le sol; S T, canal qui amène l'air
« froid dans le calorifère.

« *Tuyau d'introduction de l'air extérieur dans*
« *l'enveloppe des poêles.* — Ces tuyaux aboutissent,
« d'une part, au-dessous des poêles et, de l'autre, à
« l'extérieur. Il est de la plus grande importance que
« l'orifice extérieur soit placé dans un lieu découvert,

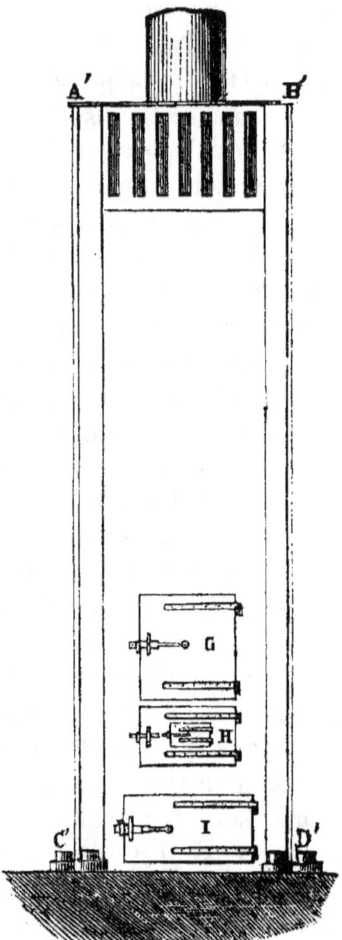

Fig. 8.

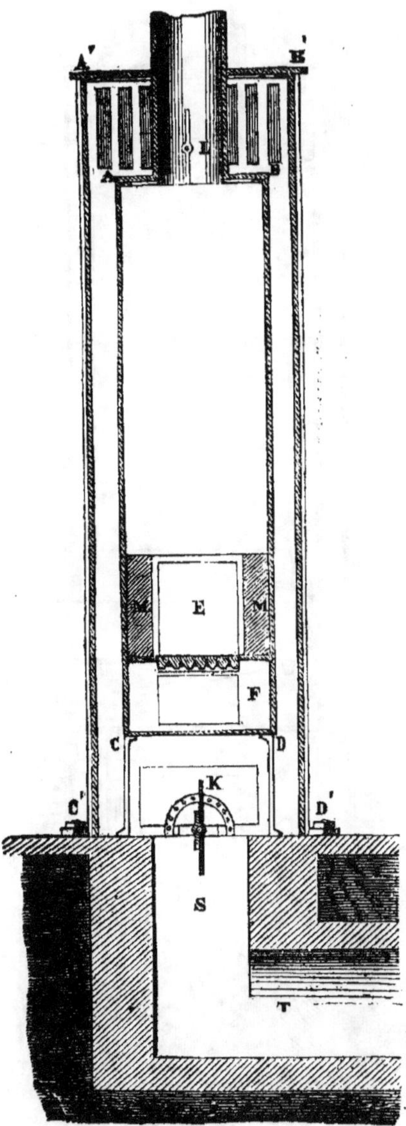

Fig. 9.

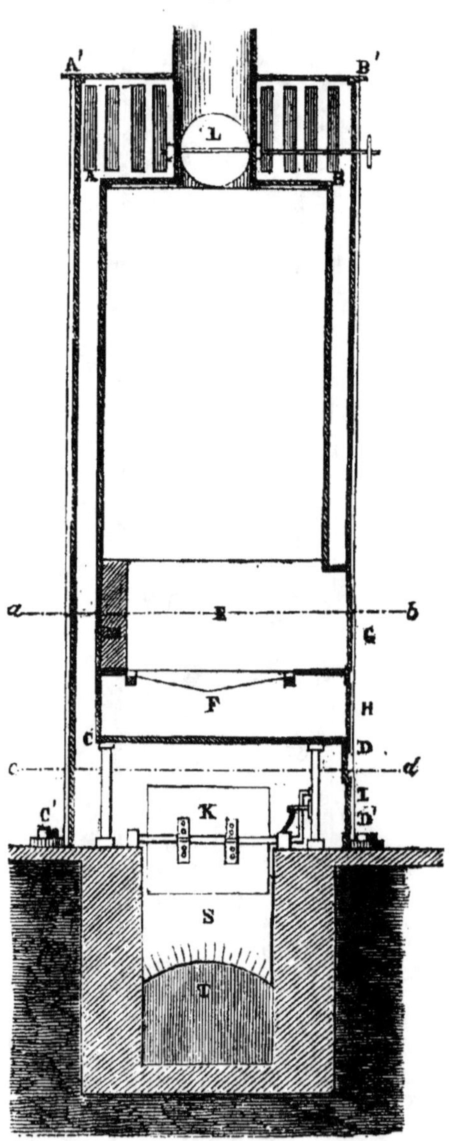

Fig. 10.

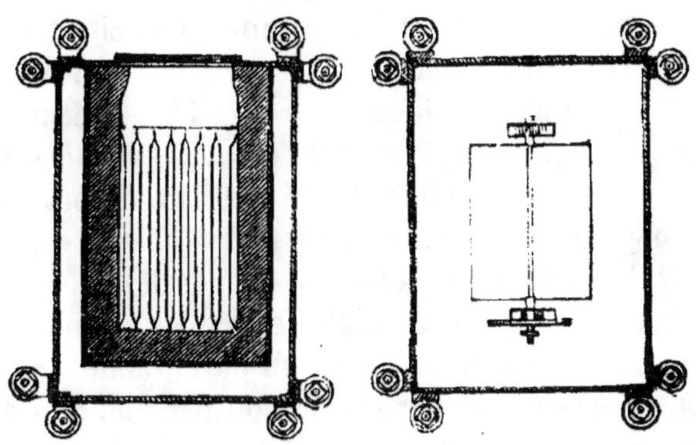

Fig. 11.   Fig. 12.

« loin des latrines et à l'abri de toutes les influences qui
« pourraient vicier l'air. Si les bâtiments renfermaient
« des caves dont les soupiraux fussent convenable-
« ment placés, il serait avantageux de faire la prise
« d'air dans les caves, parce que la température de
« l'air appelé serait plus élevée, en hiver, que celle
« de l'air à la surface du sol, et qu'en été,
« elle serait plus basse. Il faudra éviter de prendre
« l'air dans les pièces où les enfants déposent leurs
« paniers, parce que l'air n'y est jamais bien sain.

« Les tuyaux peuvent être placés au-dessous du
« sol, dans l'intervalle des planchers et des plafonds,
« dans les embrasures des fenêtres; ils peuvent être
« en maçonnerie. en planches, en terre cuite ou en
« métal, et ils peuvent avoir des formes quelcon-
« ques; la seule condition essentielle est relative à
« leur section. Le tableau suivant indique le mi-
« nimum de section des tuyaux d'appel pour des
« salles destinées à contenir un nombre d'élèves,
« variable de 50 à 200.

« Pour   50, surface de la section. 6 décimèt. carr.
           100,   idem,   10   idem.
           150,   idem,   14   idem.·
           200,   idem,   19   idém.

« Ces sections suffisent à la ventilation, lorsque la
« longueur des canaux ne dépasse pas 4 à 5 mètres; pour
« des longueurs plus grandes, il faudrait les augmen-
« ter. Du reste, il n'y a pas d'inconvénient à donner aux
« tuyaux des sections beaucoup plus grandes. »

L'air d'une salle d'école ne doit pas non plus être
sec au point d'irriter la poitrine, et dans le but
d'éviter cet excès, il est convenable de tenir constamment un vase plein d'eau sur le poêle.

L'excès d'humidité est aussi une condition d'insalubrité; on l'évitera, en n'ouvrant les fenêtres que dans
les temps convenables, en élevant l'aire de la salle au
dessus du niveau du sol, et en la construisant d'après
les indications que nous donnerons en parlant du
son. Il est une disposition bien fâcheuse que, malheureusement, l'on rencontre assez souvent dans les
communes rurales, c'est l'adossement des habitations
ou des locaux d'école contre des éminences ou des
terrains plus élevés. Lorsqu'on aura à lutter contre
cette source d'humidité, on fera bien de séparer la
muraille du terrain auquel elle est adossée, par une
tranchée à laquelle on donnera 1 1/2 à 2 mètres de
largeur, et que l'on creusera à 1 mètre de profondeur en dessous du niveau de l'aire de la salle et avec
une pente assez forte pour faciliter l'écoulement des
eaux qui suinteront dans cette tranchée.

Le recrépissement et l'entretien convenable des
murailles, tant à l'intérieur qu'à l'extérieur, sont

encore des moyens d'éviter l'humidité. Les variations atmosphériques développent dans les murs, surtout lorsqu'ils sont construits en pierre poreuse naturelle ou artificielle, des matières solides hygrométriques donnant lieu à des suintements qui sont insalubres non-seulement à cause de l'humidité, mais parce qu'ils absorbent et retiennent une partie des exhalaisons qui se produisent dans les réunions nombreuses. De là la nécessité d'enduire convenablement les murailles des églises, des salles d'école, et en général de toutes les habitations, d'une couche de chaux assez épaisse et assez souvent renouvelée. M. Cadet de Vaux a conseillé, pour la peinture des salles d'école, une composition qui me paraît devoir être adoptée, parce qu'elle forme une espèce de vernis plus compacte et plus convenable que la simple chaux diluée dans l'eau. Voici comment on la prépare : pour peindre six toises carrées en première couche, on met six onces de chaux récemment éteinte dans un vase de grès ; on verse du lait écrémé en suffisante quantité pour former une bouillie claire ; on ajoute peu à peu quatre onces d'huile de lin ou d'œillette, en remuant avec une spatule de bois ; on jette le restant du lait (il en faut en tout deux pintes), puis enfin on délaye trois livres de blanc d'Espagne dans ce mélange ; souvent aussi on y met une pointe de jaune d'ocre pour affaiblir l'effet fatigant d'un blanc trop brillant. Le seul inconvénient de ce procédé, c'est que la peinture d'une toise, par ce mélange, peut coûter trente à quarante centimes, et il est probable que, par mesure d'économie, on continuera à donner la préférence à la chaux simplement diluée dans de l'eau ou du lait. L'important, c'est que l'école, comme tous les locaux servant à l'habitation des êtres vivants, soit blanchie aussi souvent que besoin en sera, et au moins deux fois par année. Je ne saurais assez recommander cette mesure hygiénique, qui, généralement, est employée trop rarement à la campagne.

§ V. — *Du son, de l'écho, de la construction des parquets, etc.*

Le son est le résultat des vibrations qu'exécute tout corps qui a été comprimé, froissé ou frappé; son timbre varie selon la nature du corps frappé : de là vient que tel corps rend un son éclatant, et tel autre, un son obscur. L'air et au besoin tous les fluides élastiques sont susceptibles de transmettre les sons. Moins un corps frappé est en contact avec l'air, moins le son qu'il rend est éclatant; on le rendrait complétement nul, si l'on faisait le vide autour de lui, c'est-à-dire si l'on pompait parfaitement l'air qui l'environne. Or, comme cela n'est possible que dans des appareils spéciaux, il faut bien, quand on veut rendre un corps moins sonore, combler l'espace qui se trouverait en dessous de lui par des substances qui tiennent la place de l'air et qui amortissent le son. C'est pour atteindre ce but et pour obtenir d'ailleurs des conditions plus salubres, que j'ai cru devoir donner quelques conseils sur la construction du parquet des écoles.

Pour établir l'aire d'une salle d'école, il faut attendre que les murs soient élevés d'environ un mètre au-dessus du sol. Cette élévation rend le local plus sec et plus salubre. Au lieu de laisser un espace rempli d'air entre le sol et le parquet, on battra le sol, et on le chargera d'un massif de pierrailles et de gravier qu'on reliera avec du mortier, et que l'on recouvrira d'un enduit de chaux, de sable et de charbon pilé. Ce blocage, dit M. Bouillon, est préférable à un plancher en charpente et pour l'économie et pour la durée. Le même architecte conseille d'établir un parquet en planches de sapin ou de chêne, clouées sur de petites solives, isolées de la chaux par un lit de fougère, et reliées entre elles, de distance en distance, par de petites chaînes en moellons, et il recommande de remplir l'intervalle que ces solives laissent entre elles par du mâchefer ou cendre de charbon de terre: la propriété qu'a cette matière d'être mauvais conducteur de la chaleur rend, selon lui, le plancher très-sain par sa sécheresse habituelle. Je n'ai jamais eu l'occasion de voir de parquet ainsi construit, mais je suis porté à croire qu'il serait très-solide et très-sain, et qu'il aurait l'avantage d'être beaucoup moins sonore que ceux qu'on établit sur des solives laissant entre elles et le sol un intervalle vide plus ou moins considérable; or c'est là un avantage très-grand pour une salle d'école, où le calme et le silence ne pourraient être trop complets; une classe bruyante nuit beaucoup aux progrès des élèves, et fatigue singulièrement la poitrine de l'instituteur.

Le son peut être réfléchi par les surfaces solides, liquides et même gazeuses; c'est ce qui donne lieu à l'écho, circonstance qui serait aussi très-désavantageuse dans une école, et qui commande de ne pas donner à leur élévation des proportions exagérées. Il est du reste inutile que nous revenions sur les indications que nous avons posées à cet égard, l'excès opposé étant le plus commun et le seul que nous ayons constaté jusqu'aujourd'hui, si ce n'est dans une des écoles communales de Bruxelles construite en voûte.

§ VI. — *Des locaux accessoires de l'école, des latrines, des préaux, de l'habitation de l'instituteur et de ses dépendances.*

L'absence de latrines est une source d'infection pour les environs de l'école, et par conséquent pour l'atmosphère de cette dernière; elle est encore un danger pour les mœurs des élèves. Leur établissement exige lui-même des précautions que M. Bouillon a parfaitement établies dans les conseils qu'il donne. « Les latrines, dit cet architecte, doivent être accessibles à toutes les parties qui composent l'école; durant la classe, le maître doit pouvoir les surveiller de sa place; à cet effet, on pratiquera dans le mur qui les sépare de la salle une ou plusieurs ouvertures fermées par des châssis vitrés. S'il y a plusieurs classes, ou si la même école est destinée aux filles et aux garçons, des portes et des vestibules distincts conduiront à des latrines séparées, mais adossées l'une contre l'autre de manière que la même fosse serve pour les deux. La porte du cabinet ne doit point donner immédiatement dans la salle; un petit couloir servira à l'isoler, et fournira le moyen d'y faire arriver un courant d'air propre à en chasser la mauvaise odeur. Ce cabinet peut être divisé en deux parties par des cloisons en brique, ou en feuilles de tôle, ou de zinc, et pourvues chacune d'une porte d'un mètre de hauteur. Au lieu de siége, il est préférable de pratiquer des ouvertures à fleur de sol, de 22 centimètres de diamètre, et divisées au centre par une barre en fer, transversalement scellée dans la pierre. Ce mode de construction amène plus de propreté, et dispense de faire construire des urinoirs. » On peut d'ailleurs adapter à ces ouvertures des couvertures en bois, unies à la pierre par deux charnières, et retombant à volonté pour empêcher l'exhalaison des odeurs. (*Voy.* figure 13.)

Les lieux d'aisances doivent être construits de façon à pouvoir conduire les matières, à l'aide d'un conduit souterrain, dans une citerne couverte, où elles seraient entraînées par une décharge des eaux pluviales ; là elles seraient de temps à autre soumises à un procédé désinfectant, que nous aurons soin d'indiquer en temps et lieu, pour servir ensuite d'engrais pour les terrains et pépinières servant à la démonstration agricole et horticole de l'enseignement.

On ajoute souvent aux locaux d'école une espèce de salle d'attente ou préau couvert, dans lequel les élèves déposent leurs paniers et leurs casquettes, et où ceux qui viennent des hameaux voisins peuvent prendre leurs repas dans l'intervalle des classes. Ce local, aéré et éclairé convenablement, contribue beaucoup à la propreté et à la salubrité de l'école, et peut servir aux récréations des élèves, dans les temps pluvieux. Quelques bancs et des portemanteaux numérotés, attachés aux murailles, forment tout le mobilier de cette dépendance.

La cour de l'école doit être clôturée par une muraille de moyenne hauteur, ou mieux par une haie en charmille d'environ 2 mètres de hauteur. Quelques arbres à haute tige, groupés çà et là, procureront des espaces ombragés et contribueront à assainir l'air. Cette cour servira aux récréations pendant les gelées et la belle saison, et aux leçons de gymnastique. Des barres transversales et un simple appareil pour les poulies et les cordes suffiront pour ces leçons, grâce aux simplifications apportées par MM. Clias et Bón à cette partie si salutaire de l'éducation populaire.

Le logement de l'instituteur doit être à proximité ou contigu, mais totalement indépendant de la salle d'école et du préau. (*Voy.* figure 13.)

Si, comme nous l'espérons, les administrations communales comprennent bien que les écoles primaires à la campagne doivent être des écoles préparatoires aux professions agricoles, et qu'elles veuillent leur imprimer ce caractère si utile, l'habitation de l'instituteur sera construite pour servir en quelque sorte de modèle aux habitations des petits cultivateurs, seulement avec de moindres proportions. Ainsi, dans l'espace réservé aux essais agricoles et horticoles, l'instituteur aurait sa maison composée de deux places au moins au rez-de-chaussée, séparées par un vestibule, élevées au-dessus du sol d'environ 50 centimètres, pourvues chacune d'une fenêtre suffisamment large et élevée. L'étage se composerait de deux chambres à coucher et d'un cabinet, surmontés d'un grenier éclairé par une lucarne vitrée, placée à la façade du midi. L'élévation des places ne devrait jamais être moindre de 3 mètres ; les quatre pièces principales seraient pourvues de cheminées; une cave voûtée régnerait sous la maison entière. Au nord de cette habitation modeste serait une cour clôturée de haie, à l'extrémité de laquelle seraient une écurie et une petite grange; une fosse à fumier, construite d'après les conseils que nous donnerons, une citerne où se rendraient les purins et les matières des latrines, et une étable à porcs, occuperaient cette cour. L'écurie, construite pour deux vaches, et au besoin pour un âne, aurait 3 mètres d'élévation, 5 mètres de longueur sur 4 de largeur; les murailles et les plafonds en seraient plâtrés; l'aire offrirait deux pentes, dont l'une serait dirigée de la crèche vers le train postérieur des animaux, et l'autre, d'une extrémité de l'étable à l'autre; elle serait convenablement pavée de briques ou de grès cimentés, et offrirait des rigoles pour conduire les urines vers la citerne.

Voici l'esquisse d'un plan d'ensemble pour une école rurale et ses locaux accessoires (fig. 13) :

1. Cour d'attente.
2. Surface d'une salle d'école d'après les proportions de la figure 3.
3. Portes et fenêtres.
4. Latrines construites d'après les indications données pages 66 et suivantes.
5. Conduit pour les latrines et les eaux pluviales se rendant dans la citerne couverte nº 6.
6. Citerne couverte recevant les purins des écuries et de la cour à fumier.
7. Préau pour les jeux et les exercices gymnastiques.
8. Maison de l'instituteur pouvant servir, avec ses dépendances, de modèle pour une maison de petit cultivateur. L'élévation des places et écuries doit être au moins de 3 mètres.
9. Grange.
10. Écurie pour deux vaches et trois au besoin, avec conduit se rendant dans la citerne.

11. Étable à porcs.
12. Latrines pour l'instituteur et sa famille.
13. Trou à fumier.
14. Verger arboré.
15. Jardin potager, divisé en couches de 2 et de 4 mètres.
16. Terre plantée de pommes de terre.
17. Terre ensemencée de seigle, d'épeautre ou de froment d'hiver.
18. Terre ensemencée d'avoine ou d'orge d'été.
19. Trèfle ou seradelle.
20. Betteraves et carottes.
21. Pépinière d'arbres fruitiers pour la leçon de greffe.
22. Arbres à haute tige.
23. Chemin public.
24. Tables-pupitres pour les élèves disposés d'après les règles données.
25. Estrade pour l'instituteur.
26. Poêle calorifère ou autre.
L'ensemble représente la surface d'un demi-hectare.

Les traités d'agriculture démontreront à l'instituteur l'importance des règles de construction que j'ai suivies pour la confection de ce plan ; et, comme les sacrifices que les communes feraient pour les réaliser doivent tourner au profit de tous, il cherchera dans toutes les occasions à faire remarquer, aux élèves des divisions supérieures, les avantages qu'offrent les dispositions sous le rapport de l'hygiène et de la bonne tenue du bétail, et à leur expliquer les règles d'une bonne économie rurale au point de vue de la conservation des engrais, etc., etc. D'un autre côté, il devra toujours s'attacher à leur faire comprendre que ces règles s'allient très-bien avec les soins que nous devons tous avoir de notre propre santé. Ainsi ils pourraient demander aux élèves les plus avancés s'ils boiraient avec plaisir le purin que tant de personnes négligent, laissent croupir, et s'évaporer sur

les chemins publics. A l'instant les élèves exprime-
raient leur dégoût et toute l'horreur que leur inspi-
rerait une pareille boisson. — Eh bien, leur répon-
drait l'instituteur, en boire n'est guère plus dangereux que d'en respirer ! Ce que vous buvez est en
partie expulsé par les selles et les urines, tandis que
les gaz malfaisants qui s'exhalent du purin, et qui se
mélangent à l'air que vous respirez, vont directement
dans votre poitrine se mêler à votre sang, et vous
préparer bien des maux. — Tel est le moyen de faire
pénétrer dans l'esprit des populations rurales l'hygiène et les bonnes pratiques agricoles ; c'est par
l'enseignement familier adressé à l'enfance et à la
jeunesse qu'on atteindra ce but, et non par des traités
hérissés de termes techniques que les quatre-vingt-dix-
neuf centièmes des cultivateurs ne liront jamais.

§ VII. — *De l'électricité atmosphérique, de son
influence sur l'homme et des précautions qui
s'y rapportent.*

Sous certaines conditions, il se manifeste dans
tous les corps de la nature une série de phénomènes
que l'on attribue à un fluide impondérable et invisi-
ble qu'on appelle *fluide électrique.* Je sortirais du
cadre que je me suis tracé, si je les décrivais et si
j'exposais les lois naturelles qui les régissent ; qu'il
me suffise de dire que les éclairs, le tonnerre, les
aurores boréales et les étoiles filantes, sont des phénomènes électriques ; et que le magnétisme et le
galvanisme semblent pouvoir être confondus avec
l'électricité. Les nuages peuvent être considérés

comme contenant beaucoup de fluide électrique ; si les vents les poussent contre des nuages contenant une électricité différente de la leur, il se fait une décharge électrique, phénomène accompagné de la production d'une vive lumière que nous appelons *éclair* et d'un bruit que l'on nomme *tonnerre*. Si la décharge électrique ne se fait pas sur un autre nuage, elle se fait sur la terre, et alors on dit que le tonnerre tombe, et le trait lumineux qui sillonne l'atmosphère, c'est la *foudre*. Lorsque l'atmosphère est fortement chargée d'électricité, à l'approche des orages surtout, les enfants et toutes les personnes impressionnables éprouvent du malaise, de la lourdeur, du mal de tête et de l'assoupissement. L'instituteur ne doit point s'irriter contre les enfants qui, dans ce cas, manifestent une certaine paresse ; il doit au contraire les rassurer, fermer les fenêtres et les grands ventilateurs ; et si la fin de la classe est survenue, il doit rester au milieu d'eux et ne pas permettre qu'ils quittent l'école avant que l'orage soit passé. Alors, en causant familièrement avec eux, il leur donnera des idées justes sur le tonnerre et l'électricité, il leur fera quelques recommandations sur les moyens de se préserver de la foudre, lorsque devenus grands, ils y seront exposés, soit en voyage, soit en travaillant en plein champ ; ainsi il leur dira : Pendant l'orage, les personnes voyageant à cheval ou en voiture doivent s'arrêter ou au moins n'aller qu'au pas ; on doit surtout éviter, dans ce cas, de chercher un abri sous les grands arbres, et fuir en général le voisinage des objets qui forment une pointe élevée au-dessus de ce qui les entoure. Il est aussi très-imprudent de porter sur l'épaule, comme cela arrive souvent aux ouvriers, des instruments armés de fer. Un laboureur, surpris par l'orage au milieu de ses travaux, doit abandonner la charrue, dételer ses chevaux, revenir lentement avec eux et à pied, et les conduire à l'aide d'un cordon d'une certaine longueur, pour ne pas en être trop rapproché. Lorsqu'on est dans sa maison, il est imprudent d'ouvrir les fenêtres et d'établir des courants d'air. L'usage de sonner les cloches pour détourner les orages est très-dangereux ; on a calculé qu'en trente-trois ans, la foudre a frappé 386 clochers et tué dix sonneurs, en France seulement. (Dʳ Deslandes.) L'autorité doit absolument empêcher cet abus.

Un ou plusieurs paratonnerres pourraient être placés sur la maison d'école, si elle forme une construction élevée et assez considérable ; mais il faut qu'on en surveille le placement et l'entretien, car il est beaucoup plus dangereux d'avoir un mauvais paratonnerre que de ne pas en avoir du tout.

Un paratonnerre de 5 mètres d'élévation protége un espace d'un rayon de dix mètres ; c'est d'après ce calcul qu'il faut en proportionner l'élévation et le nombre.

CHAPITRE II.

**Du maintien, de l'exercice, du travail,
de l'éducation des sens, du repos, du sommeil et des
précautions hygiéniques qui s'y rapportent.**

nfluence du maintien et de l'exercice sur la conformation. —
§ II. Maintien des enfants et mobilier des écoles. — III. De la gymnastique, des jeux, de la natation.—§ IV. De l'apprentissage du travail agricole; nécessité d'un état. — § V. Conseils sur le travail. — § VI. Éducation et conservation des organes de la vue. — § VII. Idem, de l'ouïe. — § VIII. Idem, du toucher, du goûter et de l'odorat. — § IX. Du sommeil, de la chambre à coucher, du lit, etc.

> Doter le peuple de forces musculaires, c'est
> lui donner du pain, c'est assurer son aisance
> et contribuer par là à sa moralité.
> Dr CUNIER (1).

§ 1.

Le corps humain a pour base une véritable charpente dont les diverses parties sont jointes ensemble par des espèces de charnières qui permettent leur mobilité en sens divers, et qu'on appelle *articulations*. Ainsi la tête est articulée sur les vertèbres qui, articulées les unes aux autres, forment la *colonne vertébrale* ou épine du dos. Les côtes partent de chaque côté de cette colonne pour venir, en se cour-

(1) *Recherches statistiques sur les maladies oculaires.* Bruxelles, 1847.

bant, se réunir par devant à un os plat (*sternum*), et former cette espèce de coffre (poitrine ou *thorax*) qui renferme les organes respiratoires, et de chaque côté duquel sont attachés les os de l'épaule, qui s'articulent avec ceux du bras. Au bas de la colonne vertébrale se trouvent l'os *sacrum* et les os des hanches, qui forment le bassin, auquel s'articule l'os de la cuisse (*femur*), qui est joint par le genou aux deux os de la jambe, qui s'articulent eux-mêmes avec ceux qui constituent le pied. Ces diverses parties de notre charpente osseuse ont entre elles des rapports admirables de proportion et de coordination qui, convenablement développés et conservés, sont une des conditions principales de notre force physique. Mais nos os peuvent être primitivement affectés par les vices de la première éducation (rachitisme), et plus tard, par un mauvais maintien ou par l'exercice irrégulier de leurs agents moteurs. Une autre condition tout aussi importante de force physique réside dans la puissance de ces agents moteurs des *muscles,* espèces de faisceaux ou de rubans charnus qui s'attachent aux os et qui, en se contractant, leur impriment le mouvement. Ces muscles se développent et se fortifient par une bonne nourriture, et surtout par l'exercice ; ainsi le bras droit, dont nous nous servons plus souvent que du bras gauche, est généralement plus développé et plus fort que ce dernier. Ainsi les gens de la campagne, qui travaillent plus que les citadins aisés, sont, quoique le plus souvent moins bien nourris, beaucoup plus forts et plus robustes. Il résulte de là que l'exercice a une importance immense en éducation : non-seulement il nous donne la force musculaire, mais il agit sur notre constitution et sur nos organes intérieurs : ainsi, si un individu est accoutumé dès sa jeunesse aux courses et aux exercices qui font faire de grandes inspirations, il aura une poitrine large et bien développée; ses organes respiratoires et circulatoires auront une expansion convenable; sa santé générale sera forte et solide. L'exercice, qui influe tant sur la bonne conformation de l'homme, est aussi un des meilleurs moyens pour faciliter toutes les fonctions et leur imprimer un degré d'activité bienfaisante qu'aucun autre stimulant ne peut leur donner sans danger.

Mais, pour que l'exercice produise ces effets salutaires, il faut qu'il soit modéré, régulier et prudemment dirigé. L'exercice irrégulier des muscles, loin de produire une bonne conformation, tend au contraire à la vicier et à faire naître des difformités incurables, et voici pourquoi : Les muscles n'ont pas tous la même direction, les mêmes attaches; les uns servent à fléchir le tronc ou les membres, les autres servent à les redresser; les uns tirent certaines parties à gauche, les autres les tirent à droite; si, par un maintien vicieux ou par un travail ou un exercice mal combiné, vous mettez presque constamment en action et que, par conséquent, vous fortifiez tel muscle, tandis que vous laissez en repos et que, par conséquent, vous affaiblissiez le muscle antagoniste, vous déterminez presque à coup sûr une difformité de l'os auquel ces deux muscles s'attachent; car, tiré fortement et souvent dans un sens par un muscle très-fort, sans être retenu dans le sens opposé par un muscle aussi fort et aussi souvent en activité, l'os cédera du côté où la traction sera la plus forte et la plus fréquente, et il se déviera ; cet accident arrive souvent à la colonne vertébrale. Cette importante vérité découverte, et démontrée par un de nos compatriotes, M. Jules Guérin, prouve combien le maintien et l'exercice influent sur la bonne conformation des enfants, et donne une importance toute nouvelle aux devoirs des parents, des instituteurs et des chefs d'atelier, qui doivent comprendre combien une sévère surveillance est nécessaire à cet égard.

§ II. — *Maintien des élèves et mobilier des écoles.*

Il est une observation que l'on peut faire tous les jours en visitant les écoles, c'est que le bon maintien de l'instituteur entraîne, presque toujours, la bonne contenance des élèves ; l'instinct de l'imitation est si puissant chez les enfants, qu'ils copient leur maître, jusque dans ses moindres gestes, avec une fidélité qui frappe l'observateur le moins prévenu. L'instituteur doit donc être doublement attentif à veiller sur lui-même, et à mettre constamment en pratique les conseils que les pédagogues lui donnent à cet égard. Il doit veiller à ce que les élèves, avant d'entrer en classe, nettoient leurs souliers sur le décrottoir, se débarrassent de leur casquette, et des effets inutiles à leurs études ; qu'ils les déposent à l'endroit indiqué ; qu'ils saluent sans roideur et sans affectation, et qu'ils se rendent à leur place sans précipitation.

Dans beaucoup d'écoles, on oblige les enfants qui écoutent une leçon ou qui se reposent de tenir les bras croisés sur la poitrine ; c'est un usage nuisible : dans cette position, la poitrine est comprimée, les épaules sont ramenées en avant, la respiration est gênée et, de plus, l'habitude qu'ils contractent donne aux écoliers un air d'importance qui ne convient pas à leur âge.

La position la plus critique pour l'écolier est la position assise, surtout lorsqu'elle est prolongée, et c'est celle à laquelle il est presque toujours astreint. Dans cette contenance, la colonne vertébrale supporte la plus grande fatigue, les jambes sont plus ou moins mal pliées, et les bras prennent une position qui est dépendante de la hauteur de la table ; aussi cette dernière et les bancs méritent-ils la plus sérieuse attention de la part de l'instituteur.

Dans la plupart des guides des écoles, on indique, dans le mobilier, des bancs simples pour les commençants. A mon avis, ils ne doivent tout au plus être admis que pour les écoles gardiennes. D'après la méthode aujourd'hui employée dans la plupart des écoles belges, les enfants apprennent à tracer sur l'ardoise les lettres qu'ils savent reconnaître au tableau ; il est donc nécessaire qu'ils aient devant eux des tables-pupitres, car rien n'est plus dangereux pour leur santé que de les obliger à se courber pour écrire sur leurs genoux. D'autres pédagogues donnent pour les commençants des pupitres à tablette plus étroite. L'économie d'espace est le seul avantage que je trouve dans cette différence ; on fera bien de l'adopter dans les écoles dont les proportions rétrécies exigent que l'on place un grand nombre de tables sur un espace borné. Dans ce cas-là donc, on retranchera, pour les pupitres des commençants, le retour, large de 10 centimètres, que j'adopte pour les tables ordinaires. Mais là ne gît pas la difficulté : le point le plus important et le plus difficile à bien déterminer est la hauteur du banc et de la table proportionnellement à la taille des écoliers. Au premier abord, il semble que ce précepte soit très-simple et très-facile à pratiquer. En effet, si chaque élève avait une table et un siége pour lui seul, on pourrait, avec un peu d'attention, parfaitement les approprier à sa taille ; mais il n'en est point ainsi dans les écoles primaires : une table est destinée à 8 ou à 10 élèves d'une même division, et ceux-ci varient souvent beaucoup entre eux par la taille et les dispositions physiques. J'ai fait toiser un grand nombre d'enfants des deux sexes, et les résultats obtenus déjouent tous les calculs par lesquels j'ai cherché à établir des moyennes pour les hauteurs des bancs et des tables. Ainsi, par rapport à l'âge des enfants. j'ai trouvé que la moyenne de la taille des enfants, sur onze enfants dans une même école, surpassait de 32 millimètres celle des élèves de douze ans, et que celle des enfants de cinq ans excédait de 21 millimètres celle des enfants de six ans (1). Il en est de même sous le rapport du degré d'instruction. Dans la division supérieure, certains élèves différaient entre eux de 14 centimètres ; dans la division moyenne, j'ai constaté une différence de 35 centimètres ; dans une division inférieure, composée de trente-sept élèves, le plus grand avait 49 1/2 centimètres de plus que celui de la moindre taille. On comprend par ces chiffres combien il

(1) Cette différence n'est pas naturelle ni régulière, mais elle existe dans certains cas, et prouve que l'on ne peut pas se baser sur l'âge pour établir une moyenne.

est difficile de former parmi les élèves possédant le même degré d'instruction des groupes offrant des proportions de stature assez rapprochées pour les asseoir sur le même banc; plus ces groupes devront être nombreux, plus la difficulté augmentera, plus les différences seront sensibles. C'est pourquoi je propose de ne construire des tables que pour cinq ou six élèves au plus, c'est-à-dire de ne leur donner que 2 mètres 20 centimètres à 2 mètres 64 centimètres. Si les dispositions du local l'exigent, on les ajoutera l'une à l'autre, de manière que deux tables occupent la même place qu'une table qui serait destinée à dix ou douze élèves.

Le *Guide des écoles chrétiennes* donne les moyennes suivantes pour les dimensions des bancs-pupitres destinés aux écoles primaires :

Hauteur de la table prise au bord antérieur. $0^m,75$

Id.   au bord postérieur. . . . . . . $0^m,76$

Largeur de la tablette. . . . . $0^m,44$

Hauteur du banc . . . . $0^m,33$

Largeur du siége . . . . $0^m,16$

Le bord supérieur de la barre transversale qui sert d'appui aux pieds est élevé de 12 centimètres au-dessus du parquet.

M. Bouillon ne donne qu'une moyenne, mais il a soin de faire observer que les bancs et les tables doivent aller en augmentant de hauteur à partir de celui qui est le plus rapproché de l'estrade du maître, de manière à former une espèce d'amphithéâtre, disposition qui facilite d'ailleurs la surveillance; il ajoute que les tables peuvent différer entre elles de 12 centimètres.

Voici les dimensions qu'il donne pour une table de hauteur moyenne :

Hauteur de la table au bord antérieur. . . . 0^m,74

Id.   au bord postérieur. . . . . . . 0^m,76

Largeur de la tablette. . . . . 0^m,25

Hauteur du banc . . . . 0^m,45

Largeur du siége . . . . 0^m,18

Voici les dimensions moyennes que mes calculs m'ont conduit à adopter :

Hauteur de la table prise au bord antérieur. 0^m,75

Id.   au bord postérieur. . . . . . . 0^m,76

Largeur de la tablette. . . . . 0^m,42

Hauteur du banc . . . . 0^m,36

Largeur du siége (1) . . . . 0^m,18

On comprend que les dimensions doivent varier selon les divisions, et qu'elles doivent être augmentées pour les divisions supérieures, et diminuées pour les divisions inférieures. La tablette doit être, à son bord postérieur, revêtue d'une bande plate d'environ dix centimètres, offrant une rainure pour les règles, les plumes, les crayons, et des trous pour loger des encriers fixes, distancés d'environ 45 centimètres ; aux deux extrémités, des tiges perpendiculaires supportant un fil de fer transversal, servant à porter les exemples d'écriture.

Les tables doivent être pourvues de cases où

(1) Les nouvelles recherches que j'ai faites depuis la rédaction de ce manuel, combinées avec celles que M. l'architecte Guillery (Charles) a faites à Bruxelles, ont permis d'établir deux formules très-faciles pour déterminer la hauteur du bord antérieur de la table, et la hauteur du banc proportionné à la taille des élèves. La voici : hauteur du banc = la hauteur de l'enfant divisée par 3,4. Hauteur de la table = hauteur de l'enfant divisée par 2,4.

l'élève puisse placer son portefeuille, ses livres et ses cahiers ; mais ces cases, ouvertes du côté de l'élève, doivent aussi l'être par derrière, c'est-à-dire du côté du maître, de manière que celui-ci puisse toujours voir les mains des élèves, quand elles ne sont pas occupées sur la table. Cette précaution est indispensable pour faciliter la surveillance des mœurs.

Le banc doit faire corps avec la table, de manière à ce qu'il ne puisse pas être écarté selon la volonté des élèves. Ce degré d'écartement ne doit jamais être trop considérable : entre la ligne perpendiculaire tombant du bord antérieur de la tablette et le bord du banc, l'intervalle ne peut varier que de 8 à 12 centimètres, selon l'ampleur des élèves. Il est à désirer que ce degré d'écartement puisse être modifié par l'instituteur, selon qu'il en trouve le besoin, et pour cela il faut que la mortaise pratiquée dans la traverse inférieure de la table pour recevoir le tenon du pied du banc soit assez prolongée pour que l'instituteur puisse le faire avancer ou reculer, et le fixer ensuite par une cheville en fer s'adaptant à deux ou trois ouvertures distinctes.

Il serait aussi à désirer que, dans le mobilier des écoles, la plus petite et la plus haute des tables offrissent la même facilité pour augmenter ou diminuer la hauteur de la table, du banc et de la barre transversale pour les pieds ; cette facilité pourrait s'obtenir en rendant les diverses pièces mobiles sur des pieds fixes et en pratiquant sur ceux-ci des ouvertures graduées pour recevoir de fortes chevilles en fer. Ainsi l'instituteur pourrait parer à toutes les éventualités.

Le mobilier étant donné, il s'agit d'adapter les élèves à ce mobilier ; en bonne hygiène, il faudrait faire l'inverse, mais cela est impossible dans les écoles primaires ; et si l'instituteur étudie les conseils qui vont suivre et les applique avec soin, il évitera les dangers que trop souvent aujourd'hui la conformation des enfants court dans les écoles primaires. Pour qu'un élève soit bien assis, il faut que son buste forme avec les cuisses un angle presque droit, et que ces dernières forment un angle droit avec les jambes. Il est encore un moyen plus sûr de vérifier le rapport convenable de la hauteur du banc-pupitre avec la taille de l'élève, c'est de faire prendre à celui-ci la position de l'écrivain dans toute sa rigueur ; s'il n'en résulte ni gêne ni effort dans sa position, c'est que le banc et la table lui conviennent. Voici quelle est la position normale de l'écolier écrivant : Le buste doit être droit, tourné un peu obliquement à gauche et très-légèrement penché en avant, de manière que le côté gauche soit éloigné de la table d'environ $0^m,015$, et le côté droit, de $0^m,030$. Beaucoup d'élèves ont une tendance à s'incliner fortement à gauche ; cette habitude longtemps continuée dilaterait le côté droit de la poitrine, et en resserrerait le côté gauche ; il y aurait partant une déformation très-dangereuse de cette partie du coffre, qui contient un poumon et le cœur. L'inclinaison en avant doit être limitée de manière à ce que la poitrine soit toujours éloignée de deux travers de doigt du bord de la table ; la tête doit aussi être un peu inclinée en avant, mais jamais à droite ni à gauche et sans gêne ni laisser-aller. Cette inclinaison du buste et de la tête se mesure très-bien en faisant appuyer le coude de l'élève sur la table; le poing, étant fermé, doit pouvoir servir d'appui au menton; cette règle servira en même temps à vérifier les rapports de la hauteur du banc-pupitre à la taille de l'écolier. Je dirai cependant que l'inclinaison ainsi mesurée est la moindre possible, et que le menton de l'écrivain peut être abaissé d'un bon travers de doigt en dessous de cette hauteur, sans qu'il y ait danger pour lui. Cette latitude doit même être nécessairement laissée à ceux dont la vue est basse. Le bras gauche doit reposer sur la table jusqu'au coude : c'est là une des précautions les plus essentielles pour éviter la fatigue de la colonne vertébrale. Le bras droit doit être éloigné du tronc d'environ 4 à 6 centimètres. Il doit être avancé sur le pupitre sur une longueur de 8 à 12 centimètres (selon la taille de l'élève).

Les pieds doivent être d'aplomb sous les genoux, et posés soit sur le sol, soit sur la barre transversale, la pointe un peu tournée en dehors, le pied gauche avancé de quelques centimètres. La position doit être aisée, naturelle, sans roideur ni tension musculaire. Le siége de l'élève ne doit pas déborder le banc postérieurement; il faut surtout l'empêcher de retirer les pieds sous le siége, car l'effort musculaire qui lui serait alors nécessaire pour tenir le corps en avant deviendrait bientôt fatigant et le porterait à appuyer la poitrine contre la table.

Je ne saurais trop recommander aux instituteurs de surveiller constamment la position de l'élève qui écrit : c'est la plus dangereuse pour la santé. — A cette fin, il aura soin de circuler entre les bancs-pupitres, pour redresser les positions vicieuses et obliger tous les élèves à un bon maintien. C'est dans ce but surtout qu'il est prescrit de laisser entre chaque banc-pupitre un intervalle de 30 à 40 centimètres au moins.

Les exercices d'écriture ne doivent jamais être de longue durée ; ils seront toujours suivis d'une leçon qui permette aux élèves de changer de position. Ainsi, après l'écriture viendra la récitation des leçons, qui se fera debout, puis la lecture, dans la position assise, mais le corps droit et nullement incliné ; puis la leçon d'arithmétique au tableau. Les dictées ou autres exercices de rédaction seront suivis des conjugaisons de vive voix, faites debout ; ainsi de suite, de manière à varier le maintien des écoliers et à éviter la fatigue.

§ III. — *De la gymnastique, des jeux et de la natation.*

Il ne suffit pas de préserver de toute atteinte l'organisation des élèves, il faut encore chercher à la fortifier. Dans divers mémoires publiés sur l'hygiène publique, et notamment dans les *Lettres à ma fille sur l'éducation physique des enfants* (1), j'ai insisté sur l'avantage qu'il y aurait d'annexer des cours de gymnastique aux écoles primaires. Récemment, dans trois lettres spécialement consacrées à l'éducation des enfants pauvres, j'ai cherché à faire comprendre combien la force et l'adresse étaient nécessaires à ceux que leur position sociale destine à

____

(1) Un volume in-12, chez Doux fils, à Namur.

de rudes travaux journaliers; et aujourd'hui, en m'adressant aux instituteurs et aux bourgmestres, je viens leur demander ce qui sera le plus généralement utile à des enfants qui vont être livrés toute leur vie à des travaux corporels, ou de savoir lire avec correction, écrire sans faire beaucoup de fautes d'orthographe, ou de pouvoir disposer de membres souples et nerveux, et de s'en servir habilement et sans excès de fatigue. — A coup sûr toutes ces choses sont bonnes; mais si l'une devait être négligée, ce ne devrait pas être la dernière. — Eh bien, cependant, c'est ce qui se fait encore dans la plupart des écoles; et si ma voix, se joignant à celle d'une foule d'hommes d'une autorité plus imposante, parvient à faire combler cette lacune de l'enseignement primaire, je m'en estimerai réellement heureux. On m'objectera que l'élève des écoles rurales trouve, en dehors des classes, des occasions de prendre beaucoup d'exercice par des jeux très-actifs, et qu'il peut se passer de gymnastique spéciale. — Il est vrai que cette dernière est plus nécessaire aux enfants de l'ouvrier des villes qui, au sortir de l'école, ne peut prendre ses ébats que dans des rues étroites et malsaines ou dans des réduits insalubres; mais le développement de la force musculaire, l'agilité et l'adresse ne s'apprennent pas dans des jeux grossiers, pas plus à la campagne qu'à la ville. Nier l'heureuse influence des leçons de gymnastique équivaudrait à prétendre que, pour apprendre à parler et à écrire correctement une langue, il est inutile de s'initier à la connaissance de ses règles grammaticales.

La gymnastique est une méthodique élémentaire

appliquée à tous les exercices du corps; non-seulement elle enseigne comment on exécute tel ou tel mouvement, comment on peut vaincre telle résistance sans danger et avec le plus de facilité, mais elle donne du courage et du sang-froid; elle augmente les forces, qu'elle applique rationnellement; elle donne non-seulement la connaissance des moyens, mais la puissance d'exécuter les exercices, de telle sorte qu'un jeune homme frêle, mais bien exercé, fera sans fatigue et avec une véritable jouissance ce qu'un autre, plus fort mais non exercé, ne fera qu'avec peine et fatigue. Appliquez maintenant cette aptitude aux travaux agricoles, et vous comprendrez sans peine comment l'ouvrier qui aura reçu une éducation convenable l'emportera sous tous les rapports sur celui qui en aura été privé. C'est sous ce point de vue que je voudrais voir la gymnastique appliquée aux écoles des communes rurales, car il ne s'agit pas, comme le prétendent certains critiques, de faire, des élèves, des mimes et des saltimbanques, mais au contraire de les former selon leur destination professionnelle. Aussi ne viens-je pas conseiller de fournir aux écoles tout cet appareil de machines et cet échafaudage théâtral recommandé par la plupart des auteurs. Si l'on veut introduire cette branche dans l'enseignement primaire à la campagne, il faut la simplifier autant que possible, et la réduire à des exercices élémentaires dont les instituteurs comprennent bien la portée et la valeur. Déjà dans le cours donné depuis deux ans à Beauraing, par M. l'instituteur Gillet, tout l'appareil du gymnase était réduit aux barres parallèles, à la barre de suspension, au bâton et aux massues. M. Bôn, dans l'excellent petit traité qu'il vient de publier, va plus loin encore : il supprime la barre de suspension, et, dans trois séries d'exercices parfaitement gradués, il procède au développement de toutes les forces musculaires, d'après un ordre très-méthodique et très-rationnel. Je ne puis mieux faire que d'engager les instituteurs à recourir à ce traité élémentaire. Ils doivent d'abord l'étudier avec attention, bien se pénétrer du but qu'ils veulent atteindre, puis s'associer entre eux pour faire des répétitions avant d'entreprendre l'enseignement de cette branche. Une seule lacune importante m'a paru exister dans l'ouvrage de M. Bôn, et cette lacune serait éminemment regrettable dans la gymnastique des écoles rurales, je veux parler de la natation : celle-ci est un des exercices les plus utiles à la jeunesse. Chez les Romains, elle était le complément nécessaire de toute gymnastique, et leurs fils, en sortant de l'arène, couraient tout couverts de poussière se jeter dans le Tibre, pour y puiser de nouvelles forces. Sans doute, la natation n'est pas possible dans toutes les localités ; mais partout où les circonstances locales le permettent, je la recommande vivement aux instituteurs comme un puissant moyen de développer les membres, et surtout la poitrine ; de combattre les déviations commençantes du système osseux, et de fortifier les constitutions faibles et débiles.

Pour que la gymnastique produise tous les bons effets qu'on en attend, on doit suivre certaines règles générales qui sont également applicables au travail et à tous les exercices du corps.

L'exercice doit être proportionné à l'âge et à la force des individus : s'il dépasse de justes limites, il affaiblit plutôt que de fortifier ; il ne doit jamais être poussé jusqu'à la fatigue ; la pâleur des traits, l'essoufflement et l'abattement général indiquent qu'il a été ou trop violent ou trop longtemps prolongé. Une nourriture suffisante est indispensable à l'élève du gymnase comme à l'ouvrier qui travaille ; il ne faudrait donc pas faire participer à la leçon tout entière les élèves indigents qui sembleraient être dépourvus des aliments nécessaires. Tout élève maladif doit, avant d'être admis au gymnase, apporter un certificat du médecin, constatant que ces exercices lui seront favorables, et quels sont ceux qui lui seraient particulièrement utiles.

Pour peu que l'instituteur apporte de soin et d'intelligence dans l'observation du maintien et du développement physique des enfants, il découvrira sans peine qu'il y a chez les uns faiblesse, soit des membres inférieurs, soit des membres supérieurs, soit des reins ; chez les autres, défaut de développement de la poitrine, ou curvation du dos ; et, dans ce cas, il devra insister plus particulièrement, pour ces diverses catégories d'élèves, sur les exercices qui ont spécialement pour but de fortifier les parties reconnues faibles. La gaieté et l'émulation sont les stimulants indispensables du gymnase ; mais l'ordre, la précision et une discipline en quelque sorte militaire doivent marquer chaque évolution et présider à tous les mouvements.

Il est à désirer que les exercices gymnastiques s'exécutent toujours en plein air, excepté pendant

8.

les temps pluvieux et pendant les froids trop rigoureux. L'époque de la journée qui convient le mieux,
en général, aux efforts musculaires, est le matin ou
le déclin du jour. Après un repas copieux, ils pourraient troubler la digestion ; alors quelques marches,
faites sans précipitation, pourraient seules convenir.

On comprend que les leçons de gymnase ne sont
pas un motif pour défendre aux élèves de se livrer
à certains jeux dans l'intervalle des classes. Le maître
doit au contraire les y convier, et indiquer ceux qu'il
défend parce qu'ils sont dangereux ou qu'ils blessent
la bienséance, et ceux qu'il recommande parce qu'ils
sont eux-mêmes de salutaires exercices.

Chaque localité offre des jeux différents, généralement en usage, dont l'instituteur saura apprécier la
valeur. Je me bornerai à en citer trois qu'il faut
encourager : les glissades sur la glace, dans les
endroits où l'on ne risque pas de se noyer, le jeu de
balle et la course aux barres, qui tous trois sont éminemment propres à développer l'agilité et la force.

§ IV. — *De l'apprentissage du travail agricole.*

L'agilité et la force doivent s'appliquer à un but
utile : au travail. Sans doute, ce résultat est inévitable
pour la plupart des élèves, mais ils ne sauraient en
prendre le goût trop tôt, et il est utile à la société et
au bonheur des individus que tous apprennent, dès
leur jeune âge, à travailler. Il existe plusieurs genres
de travail corporel, mais on ne peut exiger que les
instituteurs connaissent tous les métiers, et ce serait
déjà un immense bienfait pour les populations rurales,
s'ils étaient initiés aux arts horticoles et agricoles.

Comme cette direction donnée à l'enseignement dans les campagnes entre dans les vues du gouvernement ; comme des cours d'horticulture et d'agriculture sont maintenant institués près des écoles normales, on peut espérer que bientôt tous les élèves des écoles rurales, loin de s'éloigner de l'état de leurs pères en suivant les leçons des instituteurs, en prendront au contraire le goût de très-bonne heure, et qu'ils appliqueront toutes les ressources de leur intelligence à le pratiquer avec progrès et satisfaction. Pour arriver à ce but, il serait à désirer que le livre de lecture de la division la plus avancée fût un manuel élémentaire d'agriculture, dont on s'appliquerait à leur faire bien comprendre la technologie et le sens. Pour eux alors le jardin, la pépinière et les terres de l'instituteur deviendraient un gymnase aussi instructif qu'amusant, surtout si quelques fruits, de jeunes arbres et même quelques légumes pour les indigents leur étaient donnés comme récompense de leurs travaux. Pendant les récréations et les jours de congé, chaque saison leur procurerait des soins et des travaux nouveaux qu'il s'agirait surtout de faire exécuter avec intelligence, en indiquant les motifs et les raisons de chaque procédé agricole. Bêcher les jardins et la pépinière, les sarcler et les arroser ; tailler les arbres, les modifier par les diverses espèces de greffe ; insister sur les principes d'économie rurale, leur offrir en petit un bon mode d'assolement ; les faire participer à tous les travaux dans la mesure de leurs forces ; expliquer toujours et à chaque pas ; leur faire calculer les frais et les produits ; en un mot, préparer leur corps et leur esprit selon leur destination professionnelle : tel serait le complément le plus utile de l'instruction primaire. Pour les enfants de la classe aisée, les écoles d'agriculture feraient le reste ; pour ceux qui sont destinés à devenir ouvriers, on aurait toujours rendu leur carrière plus facile. Les instruments de travail devraient être en rapport avec la taille et les forces des élèves ; leurs proportions, les conditions qu'ils doivent offrir pour être faciles et commodes, la manière de les saisir et de s'en servir le mieux pour divers usages, seraient indiquées par l'instituteur, qui surveillerait les premiers essais avec attention, empêcherait les uns de trop se presser, les autres de trop se courber, et montrerait comment, avec une bonne méthode, on peut faire beaucoup d'ouvrage sans se fatiguer, tandis que l'inverse a souvent lieu en se pressant et en travaillant maladroitement.

Les conseils généraux que j'adresse aux instituteurs doivent aussi être suivis par les pères de famille qui font débuter leurs fils dans la vie ouvrière ; ce n'est pas avec des traitements durs, des paroles acerbes, qu'on facilite la tâche du jeune ouvrier, mais par des conseils et des explications raisonnables. J'en dirai autant aux fermiers, qui souvent recueillent chez eux de pauvres enfants à qui ils donnent la nourriture en échange de quelques services : c'est sur ces malheureux que leur sollicitude doit surtout veiller, afin que des domestiques inhumains ne les traitent pas avec dureté, ne les obligent pas à des travaux au-dessus de leurs forces ; afin qu'ils n'apprennent pas, en entrant dans la vie, à s'irriter contre le travail et à maudire ceux qui le lui fournissent.

L'instituteur, loin d'obliger ses élèves aux travaux de culture, n'accordera la faveur d'y participer qu'à ceux qui auront mérité une récompense, par leur application et leur bonne conduite. C'est pendant les exercices et en les encourageant qu'il cherchera à faire comprendre à ses écoliers que le travail est nécessaire au bonheur de l'homme, et que, loin de le regarder comme une condition pénible de la vie, on doit s'estimer heureux d'avoir la force et l'occasion de travailler. Il pourra souvent, sur des exemples connus, leur faire faire la comparaison de la vie heureuse de l'ouvrier avec les misères du fainéant ou la vie inquiète et agitée de l'homme aisé. Il leur montrera les vices, la dégradation et la misère accablant presque toujours l'homme oisif et sans état ; les maladies, la tristesse, les revers de fortune et l'inexorable ennui, compagnes ordinaires d'une aisance paresseuse et inactive, tandis, leur dira-t-il, que l'ouvrier laborieux, rangé et prévoyant, jouit d'une santé solide, mange de bon appétit, chante, rit, ne connaît ni l'ennui, ni l'inquiétude chagrine, ni l'envie, ni les pertes ruineuses, et mène une vie longue et respectée au milieu d'une famille unie, riche de santé. Ces leçons familières, et quelques exemples discrètement cités, feraient, j'en suis certain, sur l'esprit des jeunes ouvriers, une impression plus durable qu'on ne se l'imagine communément, car les enfants aiment qu'on leur parle comme s'ils étaient déjà des hommes ; tout ce qui les rapproche de cet état, tout ce qui les élève à leurs propres yeux est bien accueilli par eux, et reste gravé dans leur mémoire.

§ V. — *Conseils sur le travail agricole.*

Ce que j'ai dit en parlant des précautions à prendre pour retirer de bons effets des exercices gymnastiques s'applique entièrement au travail. Il me reste peu de chose à ajouter sur les précautions générales qui le concernent, car je ne puis entrer dans le détail de toutes les professions qui se rattachent à l'industrie agricole.

Un ouvrier prudent, qui veut ménager ses forces et sa santé, n'est pas pour cela paresseux ; mais comme il ne perd jamais de temps soit à causer avec les passants ou à allumer sa pipe, soit en traînant le long des chemins ou dans les cabarets, il peut faire beaucoup d'ouvrage sans se livrer à des efforts exagérés. C'est donc par un travail modéré mais assidu qu'il doit chercher à remplir ses obligations envers celui qui le paye. Combien de jeunes gens ou de pères de famille passent des journées entières à boire et à s'amuser, et qui, pour regagner le temps perdu, travaillent outre mesure pendant quatre à cinq jours de la semaine et s'attirent ainsi des courbatures, des maladies, ou une vieillesse prématurée ! Il en est d'autres qui contraignent de jeunes enfants ou de frêles femmes à des travaux fatigants de la campagne, et qui, par leur désordre et leur ivrognerie, perdent en un jour le fruit de ces labeurs. Il faut craindre l'oisiveté pour tous, mais chaque sexe et chaque âge doivent avoir leurs occupations propres. Des excès de fatigue ruinent la santé et souvent la bourse, car les maladies sont des fléaux très-onéreux pour les familles d'ouvriers.

On se fatigue moins en variant son travail qu'en faisant toujours la même chose. Le travail est moins pénible en compagnie que dans l'isolement; une besogne faite par plusieurs ouvriers qui s'entendent bien entre eux est exécutée avec plus de constance, avec une modération convenable, avec plus d'entrain et d'agrément. Chanter en travaillant, c'est aussi alléger ses fatigues.

Le travail ne peut être continu que pendant un certain temps, il faut qu'il soit entremêlé de repos afin de ménager les forces. La journée d'un ouvrier adulte est ordinairement de douze heures, mais pendant ce laps de temps, des intervalles doivent être consacrés aux repas et au repos. La distribution du temps est assez régulière pour les batteurs en grange, pour les jardiniers, les charrons. etc., mais certaines saisons offrent une température et des occupations agricoles qui doivent être prises en considération dans l'emploi du temps. Le travail de la moisson est en général le plus fatigant et le plus dangereux pour la santé des habitants des campagnes. Ainsi les faucheurs qui, pendant les journées ardentes de juillet et d'août, doivent travailler sous les rayons d'un soleil brûlant, feraient toujours bien de prendre au milieu du jour un repos de quatre heures pour réparer leurs forces et s'abriter contre la chaleur trop vive. En commençant leur journée à quatre heures du matin, et prenant quelques aliments à sept heures, ils peuvent suspendre leur travail à dix heures pour dîner et se reposer, et ne le reprendre qu'à deux heures. Ce qu'il est surtout important de leur recommander, c'est de s'abstenir de boisson froide, de crainte d'arrêter la sueur abondante qui coule sur leur corps, et qui, en s'évaporant à l'air libre, les rafraîchit déjà, mais provoque une soif assez vive, qu'une légère infusion de café étanche mieux que tout autre liquide. Une bière nutritive et bien faite leur convient mieux à leurs repas principaux, qui doivent être assez restaurants pour compenser la grande dépense de forces qu'ils font chaque jour.

Les jours où le travail est suspendu doivent être en partie consacrés au délassement. Pour les ouvriers à occupations sédentaires, tels que les cordonniers, les tisserands, etc., les délassements doivent en grande partie consister en promenades sur les lieux élevés et en jeux actifs. Quant à ceux qui se donnent tout le jour beaucoup de mouvements en plein air, ils feront mieux de se reposer par des plaisirs tranquilles, au sein de leur famille. Les longues séances dans les cabarets, où l'air est toujours corrompu par l'affluence du monde et la fumée du tabac, ne sont bonnes pour aucune catégorie d'ouvriers, et seraient surtout nuisibles à ceux qui, la semaine, ont été enfermés dans des ateliers étroits et mal aérés.

§ VI. — *De l'éducation et de la conservation de la vue.*

L'homme est doué de certains organes aptes à recevoir, par leurs rapports avec tous les corps, diverses impressions au moyen desquelles il acquiert la connaissance des qualités de ces corps; ainsi, il y a rapport entre la lumière et l'œil, entre le son et l'oreille, entre les odeurs et le nez, entre les saveurs et la langue ; enfin , entre la température, le poli, ou la rugosité des objets et la peau. Ces organes des sens sont les premières sources de notre instruction ; leur sensibilité plus ou moins exquise, le soin plus ou moins grand qu'on met à les exercer et à les conserver, influent puissamment sur les aptitudes des individus et sur le rôle qu'ils peuvent remplir dans la société. Les précautions qui s'y rattachent sont donc importantes à connaître.

Qui ne comprend tout le prix *de la vue*, son immense bienfait dans l'éducation, le travail et la vie de tous les hommes. Les organes à l'aide desquels elle s'exerce sont les plus parfaits de notre organisation ; mais ils sont doués d'une sensibilité si grande, ils agissent si fréquemment, qu'ils sont exposés à une foule de maladies et d'infirmités qu'on ne saurait trop s'attacher à prévenir.

Dans les écoles, que la lumière vienne du levant, du midi ou même du couchant, on doit, à l'heure où les rayons solaires viennent frapper les vitres, s'opposer à leur introduction directe, soit à l'aide de stores, soit en fermant les persiennes. Il faut également craindre les effets de l'obscurité dans certaines écoles où, pendant l'hiver, à trois heures après midi, les élèves ne peuvent plus lire ni écrire sans se fatiguer les yeux. Dans ce cas, en attendant qu'on apporte des modifications à la construction, l'instituteur doit distribuer ses leçons de manière à ce que la dernière heure de sa classe soit consacrée à des exercices oraux.

M. le docteur Cunier, dans ses excellentes recherches sur les maladies oculaires observées en Belgique, attire l'attention de l'autorité sur la fréquence et la gravité des ophthalmies chez les enfants reçus dans les écoles primaires du Brabant, et les attribue en grande partie à l'insalubrité et à la mauvaise disposition des locaux. Les caractères d'impression des livres destinés aux écoles, quand ils sont trop petits ou trop serrés ou mal imprimés. peuvent aussi compromettre la vue des écoliers. L'instituteur doit avoir une sollicitude toute particulière à cet égard, comme pour tout ce qui concerne l'assainissement du local. Car l'insalubrité des écoles et des maisons particulières, les mauvaises dispositions du poële, la malpropreté, la poussière, sont des sources de mauvaise constitution et d'affections oculaires; et presque toujours ce sont des courants d'air auxquels on s'expose imprudemment, qui font éclore ces dernières chez les sujets prédisposés. La contagion peut aussi la développer; il est hors de doute que l'ophthalmie granuleuse, dite *militaire*, se gagne par le contact, par l'usage des essuie-mains et des effets des individus affectés. Il est important qu'on en avertisse les habitants des campagnes; leur ignorance à cet égard a déjà propagé cette maladie dans de nombreuses familles.

Loin de devoir compromettre la vue des élèves, la fréquentation des écoles doit au contraire la perfectionner par l'étude de la calligraphie et du dessin linéaire. Il serait même à désirer que l'arpentage, le cubage et le levé des plans, pussent être enseignés aux élèves les plus avancés, afin de perfectionner leurs sens et de les rendre plus aptes à diverses professions.

La vue des ouvriers qui travaillent en plein air, sous les rayons brûlants du soleil, doit aussi être

abritée par une large visière adaptée à leur coiffure.
Il y aurait danger de perdre la vue si, au milieu de
l'obscurité, on s'exposait imprudemment à l'impression d'une vive lumière, comme celle d'un éclair qui
sillonne le ciel. Le maréchal ferrant s'expose aussi à
user vite sa faculté visuelle. s'il n'a pas soin de diminuer l'éclat du fer incandescent, en portant des
lunettes de verres bleus, surtout quand il travaille le
soir. Des coques en tissu métallique assez fin et serré,
ou de larges lunettes munies de gros verres ordinaires, conviennent également pour abriter les yeux
des ouvriers qui brisent le cailloutage des routes, des
faucheurs qui battent leurs faux et surtout des meu-
niers qui réparent leurs meules. Souvent, chez ces
derniers, des parcelles de fer, détachées du marteau,
viennent se loger dans l'œil et engendrent des ophthalmies s'ils ne se pressent de les faire extraire.

Ai-je besoin d'ajouter que, passer de longues soi-
rées ou des nuits entières à lire, à coudre ou à broder,
c'est aussi fatiguer ses yeux outre mesure et s'exposer
à les affaiblir avant l'âge.

§ VII. — *Éducation et conservation de l'ouïe.*

L'ouïe est un des sens les plus précieux dont
l'homme est doué ; elle a pour organe spécial l'oreille
externe et interne, admirable instrument d'acoustique
dont les plus beaux travaux des hommes ne peuvent
approcher.

Les oscillations d'un corps frappé ou ébranlé se
communiquent à l'air et viennent impressionner la
membrane du tympan : de là, la perception d'un son.

Mais cette membrane du tympan est constamment humectée par un liquide qui peut s'accumuler et s'épaissir au point d'empêcher la perception du son ; il y a donc nécessité pour tous de se tenir les oreilles propres, et, pour les parents et les instituteurs, c'est une obligation de veiller tout particulièrement sur ces soins de propreté chez les enfants. Les ouvriers s'en dispensent aussi trop souvent, et beaucoup de surdités ne proviennent que de la malpropreté. On les guérit très-bien en enlevant la crasse des oreilles.

Les soins de propreté sont doublement nécessaires aux enfants qui sont atteints d'écoulements chroniques, qui répandent une mauvaise odeur, et qui, négligés, peuvent aller jusqu'au point d'empêcher l'admission dans l'école.

Il faut aussi prendre garde que les écoliers ne s'introduisent, en jouant, des corps étrangers et des insectes dans les oreilles. Des courants d'air, dirigés trop bas dans les classes, produisent quelquefois des inflammations de l'oreille et des surdités. Les maux de gorge répétés peuvent aussi conduire au même résultat. Tout le monde doit savoir que des coups portés sur le côté de la tête, ou une forte détonation produite subitement et assez près de l'oreille, peuvent détruire en un instant la faculté auditive.

Il est un moyen puissant de perfectionner le sens de l'ouïe : c'est l'étude de la musique. L'influence morale de la musique sur les classes populaires n'est mise en doute par personne. Otez le chant au peuple, dit Curtman, et vous le poussez vers la brutalité ; chez l'enfant, il fait naître l'amour du bien, du beau, et fait éclore des sentiments de joie. Par le chant, l'école et l'atelier perdent leur teinte triste; le chant rompt la monotonie et l'ennui du travail, il dispose à la ferveur religieuse dans le temple, comme il réjouit et porte la paix et le bonheur au foyer domestique. On ne saurait donc trop se hâter de l'introduire dans l'enseignement et dans les mœurs populaires.

Le chant perfectionne l'ouïe et même la parole, car il constitue l'un des meilleurs remèdes contre le bégayement et contre cette habitude de siffler et de nasiller qu'on remarque chez certains enfants ; il ne faudrait donc pas exclure des leçons ceux qui seraient atteints de ces défauts, ou ceux qui, dès le début, ne montreraient pas de dispositions musicales. Ceux-là en ont au contraire plus besoin que les autres, et peu à peu ils en retireront de plus grands avantages.

Il en est du chant comme de tous les autres exercices, il ne faut jamais le pousser jusqu'à la fatigue; il est surtout une époque de l'enfance où il faut user de certaines précautions à cet égard, c'est lors de la mue ; alors il ne faut donner que de rares leçons et se garder de faire pousser à l'élève des sons trop au-dessus de sa portée, car on s'exposerait à faire perdre la voix à l'écolier et même à déterminer chez lui des congestions pulmonaires. Les leçons de chant, bien données, peuvent fortifier la poitrine des élèves ; par contre, elles fatigueraient beaucoup la poitrine du maître, s'il n'était secondé par un instrument à l'aide duquel il pût guider les écoliers sans toujours chanter avec eux : c'est dans ce but que M. Braun conseille le violon.

§ VIII. — *Du toucher, du goût et de l'odorat.*

Tout ce qui concerne le toucher se rapporte aux soins de propreté. Le froid peut aussi engourdir la sensibilité des doigts et empêcher un élève d'écrire; nous n'anticiperons pas sur le premier point, et nous avons traité du second en parlant du chauffage des écoles.

L'éducation du goût n'est pas du ressort de l'école; cependant l'instituteur, en parlant avec les élèves, doit leur recommander de ne pas être friands et de manger de tout.

En ce qui concerne le sens du goût et celui de l'odorat, il est bon de mentionner deux habitudes généralement trop répandues dans le monde et dans la classe ouvrière en particulier : je veux parler de la pipe et de l'usage du tabac en poudre. Non seulement il faut les interdire parmi les élèves les plus avancés des écoles primaires, mais il faut leur faire sentir l'inconvénient qu'ont ces habitudes de créer des besoins factices et impérieux qu'il est parfois impossible de satisfaire, et qui entraînent souvent de la malpropreté et des dépenses onéreuses pour des familles peu aisées. Ces conseils deviendront surtout concluants en les appuyant par des chiffres : ainsi, en faisant calculer combien le tabac coûte par année à un ouvrier qui fume, et combien il pourrait économiser sur 40 ans en ne se créant pas ce besoin inutile. On ne saurait d'ailleurs appliquer trop tôt l'intelligence et les connaissances élémentaires des écoliers aux choses usuelles de la vie : c'est le moyen de les préparer à devenir des hommes prévoyants et à améliorer la condition du peuple.

§ IX. — *Du sommeil, de la chambre à coucher, du lit, etc.*

Il est un repos de tous les jours qui est indispensable à tous les êtres vivants, c'est le sommeil; sans lui, il n'y a pas de santé possible; s'en priver pour des plaisirs ou pour des travaux qu'on pourrait accomplir le jour, c'est miner sa santé et abréger sa vie sans profit. Combien d'ouvriers font ce qu'on appelle le lundi, puis vers la fin de la semaine consacrent les nuits au travail pour regagner le temps perdu! C'est là une coutume blâmable sous tous les rapports. C'est la nuit que débutent la plupart des maladies; presque toujours aussi c'est la nuit qui les donne ou du moins qui les exaspère. Il faut donc éviter autant que possible de travailler, de sortir et de voyager pendant les heures destinées au sommeil.

C'est une mauvaise habitude que de dormir après le dîner; cependant, pendant les chaleurs de l'été, il est des personnes qui ne peuvent se soustraire à ce besoin; ceux chez lesquels il me paraît le plus naturel sont ces ouvriers agricoles dont j'ai parlé, qui doivent consacrer une partie des nuits au travail pour éviter l'ardeur des rayons solaires. Dans tous les cas, il n'est jamais prudent de prendre ce repos couché sur la terre à l'ombre d'une haie; il faut, pour dormir, regagner son logis et se coucher sur son lit, si on ne veut pas s'exposer à des rhumatismes et à une vieillesse prématurée.

Récemment la Société d'agriculture d'Édimbourg a proposé une médaille de grande dimension pour le propriétaire qui aura fait disposer les bâtiments de sa ferme de la manière la plus favorable pour assurer un logement sain et convenable aux domestiques et ouvriers employés dans l'exploitation. Il est en effet déplorable de voir ces malheureux la plupart du temps couchés dans les écuries au milieu de la plus dégoûtante malpropreté, et respirant un air infect, surtout dans les grandes chaleurs. Si l'on désire qu'un domestique loge à proximité du bétail soumis à sa garde, il faut au moins qu'on lui construise une chambre séparée, pourvue d'une fenêtre propre à renouveler l'air, dans laquelle les miasmes provenant du fumier ne puissent pas constamment pénétrer.

Les petits propriétaires ne sont pas plus soigneux à cet égard. Souvent leurs fils sont logés dans les écuries comme les domestiques des fermes, et pour eux-mêmes ils choisissent, pour établir leur lit, le coin le plus obscur et le plus sale, la chambre la plus basse, la plus humide et la plus insalubre de leurs habitations. C'est là un abus vraiment déplorable, et qui influe d'une manière excessivement défavorable sur la constitution du campagnard.

C'est dans la chambre à coucher que l'on passe un tiers et peut être la moitié de sa vie ; partout ailleurs on va, on vient, on ouvre les portes et les fenêtres, on ne s'arrête que pour manger ou travailler pendant quelques heures, tandis que dans la chambre à coucher on s'enferme pendant 8 ou 10 heures chaque jour, et pendant ce laps de temps l'air n'y est nullement renouvelé. Souvent, dans une pièce étroite et peu élevée, encombrée de meubles et d'objets de toute espèce, on met lit contre lit, on couche pêle-mêle cinq ou six enfants, et on se couche soi-même à côté! Quelle imprudence, quelle source de viciation pour le sang et pour les mœurs! Toutes les personnes influentes ne sauraient trop blâmer ces abus et s'attacher à les faire disparaître. Il faut aussi condamner sans rémission ces alcôves étroites et privées d'air, ces rideaux épais qui clôturent les lits comme des armoires. Il faut choisir, pour établir son lit, la pièce la plus vaste et la plus saine de la maison, et à l'étage plutôt qu'au rez-de-chaussée. Des fenêtres, fermant exactement la nuit, doivent permettre, pendant le jour et dans les temps secs, d'en renouveler complétement l'air. Une cheminée ouverte doit servir pour l'assainissement et donner la possibilité de faire du feu dans les temps très-humides ou lorsqu'on est malade. Il faut surtout bien se garder de vouloir échauffer sa chambre à coucher par des brasiers de charbon placés au milieu : cette imprudence a déjà coûté la vie à des milliers de personnes.

Il ne faut jamais mettre coucher des enfants avec des adultes ni avec des vieillards ; j'ai déjà vu plusieurs fois des consomptions mortelles survenir par cette cause à de jeunes filles, qui eussent été fortes et vigoureuses si elles n'avaient pas été exposées à absorber des émanations qui sont un véritable poison pour elles. Il faut que les enfants de chaque sexe aient dans chaque ménage une chambre séparée, fût-ce même sous le toit de chaume. Si les parents désirent ne pas s'éloigner d'eux, ils doivent au moins en être séparés par une cloison.

Jamais on ne doit nourrir des animaux dans les chambres à coucher, ni y conserver aucune source de mauvaise odeur. Les fleurs ni les fruits ne doivent jamais y trouver leur place. Souvent, au milieu des épidémies, on voit tomber des familles entières victimes du fléau, tandis que d'autres sont complétement épargnées; c'est à l'inobservance des règles hygiéniques qu'il faut attribuer ces résultats, et les médecins en trouvent presque toujours les preuves matérielles dans les tas de pourriture et de choses infectes qu'ils rencontrent dans ces tristes réduits. Si les gens aisés, qui tremblent à chaque instant de contracter les fléaux qui s'engendrent et s'activent dans ces foyers d'infection, cherchaient à éclairer les classes pauvres ; s'ils visitaient leurs demeures et contribuaient à les assainir, en aidant de leurs conseils et de leur bourse, les circulaires du pouvoir seraient exécutées et nous ne verrions pas sévir avec tant de force ces épidémies meurtrières qui peuplent les villes et les campagnes de veuves et de malheureux orphelins.

Les lits ne doivent jamais être ni trop mous ni trop chauds. La plume doit en être rejetée. Le crin seul ou uni à la laine forme de bons matelas ; mais la balle d'avoine est la matière qui convient le mieux, parce qu'elle est peu coûteuse et qu'elle peut être renouvelée plus souvent. Les feuilles mortes ne conviennent pas, parce qu'elles attirent trop d'humidité, et qu'il importe avant tout que les literies soient toujours sèches.

Les draps de lit doivent être changés au moins une fois tous les mois ; qu'on ajoute une couverture pour l'été, deux couvertures en laine pour l'hiver, un oreiller ou deux. et l'on aura un lit salubre, surtout si l'on maintient tous ces objets dans une grande propreté et si l'on a soin de les exposer à l'air extérieur chaque fois qu'il fait sec. Le lit doit être fait de manière à ce que la tête soit plus élevée que les pieds, et à ce que ceux-ci soient plus chaudement couverts.

Pour assurer la sécheresse du lit, il faut qu'un intervalle suffisant existe entre les literies et le sol. Nous ne saurions trop recommander l'usage des lits en fer, qui sont tout à la fois plus économiques et plus propres que les lits en bois.

Le lit des petits enfants exigent encore de plus grands soins de propreté que celui des adultes, surtout lorsqu'ils les salissent par leurs déjections. Dans ce cas, ils doivent être soigneusement séchés tous les jours et renouvelés très-souvent.

La durée du sommeil varie selon l'âge et la force : prolongé pendant 12 heures au moins chez les jeunes enfants, ce repos peut être abrégé de 4 à 5 heures, et ne dure que 6 à 8 heures chez les adultes bien portants : je ne reviendrai pas sur sa nécessité absolue pour la santé. L'homme a besoin de se refaire de ses fatigues et de se calmer ; la veille prolongée l'énerverait et l'exciterait outre mesure ; un sommeil trop prolongé a aussi ses inconvénients : il rend l'homme lourd et maussade, le fatigue et lui enlève l'appétit ; il l'expose aux congestions et à une foule d'accidents. Il faut donc garder une juste mesure, se créer des habitudes régulières et toujours les respecter, si ce n'est dans des occasions très-rares et tout à fait exceptionnelles.

CHAPITRE III.

De la propreté et des vêtements.

§ I. — Propreté dans les écoles, dans les habitations, dans les ateliers.
— § II. Propreté du corps; habitudes à faire contracter dès l'enfance,
inspection des écoliers, maximes. — § III. Des bains, de leur température et de leurs effets; de la natation, précautions, secours à donner aux noyés. — § IV. Des vêtements.

§ I.

Si vous voulez avoir un corps propre et une bonne
santé, commencez par assurer la propreté de tout ce
qui vous entoure, et surtout de votre habitation.
Dans le courant de l'année 1849, M. le ministre de
l'intérieur a adressé une circulaire pour engager les
administrations communales et les bureaux de bienfaisance à proposer des prix pour la plus grande propreté constatée dans les maisons d'ouvriers. On ne
peut trop applaudir à cette initiative, qui prouve que
le pouvoir, en Belgique, comprend sa haute mission
de civilisation et de bienfaisance; mais, il faut bien
l'avouer, dans la plupart des localités rurales, les circulaires ne sont pas lues ou ne sont pas comprises:

ce qu'il y a de certain, c'est qu'elles ne sont pas exécutées ; et l'on peut prédire qu'elles ne le seront que lorsque l'on y comprendra mieux l'importance des précautions hygiéniques.

Il faut d'abord que l'école soit un modèle d'ordre et de propreté. Le parquet doit en être lavé à fond, au moins une fois par semaine en hiver, et deux fois en été ; il doit être balayé tous les jours le matin, et, s'il est possible, pendant la récréation de midi.

Dans les localités où le sable se procure facilement, il fournira un moyen aussi commode que salubre pour assurer la propreté du parquet. Les bancs, les pupitres, l'estrade, le poêle, les vitres, les stores et tout le mobilier de l'école devront toujours être propres et rangés dans un ordre parfait. J'ai dit ailleurs les soins qu'exigent les murailles, mais je ne saurais trop insister sur ces recommandations spéciales, parce que c'est à l'école que les enfants forment leur goût, et que les habitudes d'ordre et de propreté, qu'ils y contracteront, seront plus tard suivies dans leur ménage.

Ces recommandations s'appliquent d'ailleurs toutes aux habitations ; mais les moyens conseillés doivent y être plus souvent employés, surtout dans les cuisines et dans toutes les pièces destinées à des travaux journaliers. Il est impossible d'entrer dans tout le détail des soins qu'exige l'intérieur des habitations. L'important est que les gens du peuple comprennent bien que la propreté du parquet, des murailles, des meubles, et de tous les ustensiles de ménage, est nécessaire à la conservation de leur santé, et que croupir dans le désordre et la malpropreté, c'est descendre presque au niveau du bétail, et se priver volontairement d'une grande source de bien-être.

Certains ateliers se font surtout remarquer par leur malpropreté et l'odeur repoussante qui s'y exhale : je citerai, entre autres, celui des cordonniers ; aussi cette cause, jointe à leurs habitudes sédentaires, les rend-elle ordinairement pâles et maladifs. Les *boucheries* n'étant pas soumises, à la campagne, à des règlements spéciaux, sont souvent aussi infectées par des miasmes provenant de la décomposition du sang et de détritus animaux qu'on y laisse séjourner. Il serait pourtant bien important pour la santé publique que des lieux, où un de nos principaux aliments reste pendant plusieurs jours, fussent purgés de toute source de corruption, et constamment assainis par des lavages et des courants d'air.

§ II. — *Propreté du corps ; habitudes à faire contracter dès l'enfance ; inspection des écoliers ; maximes.*

La plupart des gens du peuple ignorent complétement combien la propreté de la peau et des vêtements influe sur la santé. La malpropreté annule presque complétement les fonctions de la peau, et par là elle altère le sang et trouble le jeu des organes les plus importants de notre économie. Ce qui le prouve, c'est que si l'on couvre d'un vernis toute la peau d'un animal, ce dernier dépérit, et finit par mourir asphyxié. Ainsi donc la transpiration et l'absorption cutanée ont presque la même importance que la respiration ; et l'on peut affirmer d'avance que les enfants et les hommes tenus dans une mal-propreté constante auront une mauvaise constitu-tion et des maladies de peau qui les rendront des objets de dégoût au milieu de la société. La propreté, du reste, est nécessaire à toutes les conditions; les soins qu'elle exige sont surtout applicables aux cul-tivateurs, aux ouvriers des champs qui, se livrant à des travaux fatigants en plein soleil, auraient souvent le corps enduit d'une couche de sueur et de pous-sière, qui arrêterait la transpiration si nécessaire à leur santé. Mon expérience me permet d'affirmer que c'est aux entraves que beaucoup de campagnards mettent à cette fonction, qu'ils doivent la plupart de leurs maladies, et surtout les affections rhumatis-males qui les vieillissent avant l'âge, et les accablent de souffrances et d'infirmités dans le déclin de leur vie.

Il est donc bien important d'habituer les élèves des écoles à la propreté : de leur tenue, dans le jeune âge, dépendra celle de toute leur vie. Veut-on que le peuple adopte peu à peu ces habitudes si nécessaires à sa vigueur et à sa santé, c'est par les enfants qu'il faut commencer. C'est en leur imposant des règles très-rigoureuses à cet égard, qu'on obtiendra que, devenus grands, ils conservent une partie des bonnes habitudes qu'ils auront contractées dans l'enfance : demandez beaucoup aux enfants, et vous obtiendrez encore trop peu des hommes.

Deux décrottoirs doivent être placés de chaque côté de l'entrée du préau ou de l'école, et le maître doit exiger qu'avant d'entrer chaque élève s'en serve pour débarrasser sa chaussure de la boue dont elle peut être salie. S'il existe un préau couvert et qu'on obtienne des enfants, venant des hameaux voisins, qu'ils y laissent des souliers propres, on leur prescrira de se débarrasser, sitôt leur entrée au préau, des chaussures pénétrées d'humidité qu'ils portent à leur arrivée en hiver.

Avant le commencement des leçons, l'inspection de la propreté doit avoir lieu tous les jours; l'instituteur, se plaçant devant chaque banc, fera lever tous les enfants qui y ont pris place, et examinera si la figure de chacun est nette, les cheveux bien peignés, les mains soigneusement lavées. Ceux qui ne présenteraient pas un état de propreté convenable seraient mal notés, et invités à aller se laver au préau ou chez leurs parents, s'ils sont à proximité de l'école. De plus, l'instituteur prendra soin, en faisant ces inspections, d'expliquer aux élèves l'importance des soins de propreté, la honte et le danger auxquels s'exposent les personnes malpropres. Le préau ou un coin de l'école sera pourvu en tout temps d'un réservoir contenant de l'eau propre et quelques essuie-mains qu'on aura soin de renouveler tous les jours, afin que les soins de propreté puissent être immédiatement employés par les écoliers qui pendant la classe tomberaient ou se tacheraient d'encre.

Un excellent moyen d'imprimer dans l'esprit des enfants, et de répandre dans la société de bons préceptes, c'est de les traduire en maximes, de les faire copier et apprendre par cœur par les enfants. L'École de Salerne (traduction anonyme) fournit quelques bouts-rimés sur les préceptes hygiéniques, dont je choisirai les meilleurs pour être intercalés dans le manuel. Voici ceux qui concernent les soins journaliers de propreté :

> « D'abord lavez vos mains dans une eau froide et claire,
> « Bassinez-vous les yeux pour les bien rafraîchir.
> « Un peu de promenade est alors salutaire ;
> « Tendez-jambes et bras pour les mieux dégourdir.
> « Peignez-vous les cheveux, décrassez-vous la tête,
>> « Nettoyez et frottez vos dents.
>> « Ces six points sont très-importants.
> « Suivez-les chaque jour, sans que rien vous arrête. »

Les cheveux des écoliers ne doivent jamais être trop longs ni en désordre. La même recommandation doit être faite pour les ongles : on doit les laver soigneusement ainsi que la bouche et les oreilles. A ces préceptes l'instituteur joindra l'exemple : il doit se raser deux fois au moins par semaine en hiver, et trois fois en été ; une barbe longue expose à contracter des dartres, et ne dénote d'ailleurs qu'une grande négligence et le mépris des convenances. On a dit avec raison que la propreté est au corps ce que la pudeur est à l'âme ; pour ma part, j'aurais la plus mauvaise idée des qualités d'un instituteur si je le rencontrais malpropre dans son école.

Un instituteur doit inspirer à ses élèves du respect pour un bon livre, et les obliger à le préserver de toute souillure et de tout délabrement ; il doit en être de même à l'égard des cahiers et de tous les objets qui servent aux études. Une surveillance sévère doit être exercée à cet égard, il en résultera toujours progrès et économie.

10.

§ III. — *Des bains, de la natation, des secours à donner aux noyés.*

Mais il ne suffit pas que notre visage et nos mains soient propres, il faut que cette qualité s'étende à tout notre corps, et que des bains généraux viennent de temps en temps rafraîchir la peau et la mettre dans les conditions convenables pour bien remplir ses fonctions.

Rien ne serait plus facile dans les communes rurales, situées sur des cours d'eaux, que d'établir un bassin latéral, entouré de saules et de haies vives, pour servir de bains publics en été. L'usage des bains généraux serait un véritable bienfait pour le peuple des villes et des campagnes : le faire entrer d'abord dans l'éducation serait le premier pas à faire, et pour cela il ne faudra, dans la plupart des localités, qu'un peu de bon vouloir de l'administration communale, et de la sollicitude de la part de l'instituteur.

Il est bon que tout le monde sache qu'il ne faut jamais se mettre au bain pendant la digestion : tout bain doit se prendre à jeun, ou trois ou quatre heures après le repas. Jamais on ne doit entrer au bain étant en sueur.

Le bain de rivière peut être pernicieux à la suite d'un orage qui en a fortement troublé les eaux. Il faut toujours éviter, en se baignant, de s'exposer aux rayons d'un soleil brûlant. Le commencement et le déclin de la journée, les mois de juin, juillet et août sont les époques les plus convenables pour prendre des bains de rivière.

Il est prudent, avant de se mettre dans un bain plus chaud ou plus froid que la température ordinaire de notre peau, d'y plonger d'abord les mains, de les appliquer ensuite sur le corps de manière à l'habituer peu à peu à l'impression que le bain doit produire.

Le bain tiède calme et délasse le corps, mais souvent il amollit et énerve. Les bains chauds et les bains tout à fait froids ne conviennent que dans des cas exceptionnels : ce sont des remèdes qui doivent être prescrits par les médecins.

Les bains qui conviennent le plus généralement aux enfants, aux jeunes gens et aux hommes bien portants, sont les bains *frais* pris, autant que possible, dans une eau courante échauffée par les rayons du soleil.

La *natation* réunit tous les avantages des bains frais à ceux de l'exercice ; aussi ne pourrions-nous trop la recommander aux populations rurales et en particulier aux instituteurs pour les élèves de 10 à 12 ans surtout. Ce n'est pas que les bains frais ne soient déjà très-utiles à ceux de 6 à 7 ans ; mais presque toujours on est obligé de se borner au simple bain pour les enfants de cet âge, et il serait fort dangereux, à moins que dans des circonstances toutes particulières, de les conduire dans des rivières où la profondeur des eaux permit la natation.

La natation est un exercice si bienfaisant, qu'à nos yeux c'est un véritable bonheur de naître dans une localité située près d'une rivière ou sur les bords de la mer.

En nageant on n'est pas exposé, comme dans les

autres exercices gymnastiques, à des sueurs copieuses qui affaiblissent, et dont l'arrêt peut déterminer de graves accidents ; les mouvements du nageur sont modérés, l'action musculaire est régulière et générale ; tandis que dans les autres exercices il y a souvent violence, effort outré dans certains muscles, et inaction dans les autres. La natation active aussi la circulation, et elle calme et fortifie tout à la fois le système nerveux. C'est, en outre, un puissant remède contre les engorgements abdominaux, contre la faiblesse et les difformités naissantes des enfants lymphatiques.

Je n'entrerai pas ici dans l'exposé de l'art de la natation ; ces détails seraient superflus pour les personnes qui savent nager, et à elles seules il appartient d'exercer des enfants ; car si un père ou un instituteur n'est pas lui-même bon nageur, ou s'il n'a pas à sa disposition une ou deux personnes sûres et sachant nager avec sécurité, il doit renoncer à cet exercice pour ses enfants ou pour ses élèves, et se borner à leur faire prendre des bains frais, dans un lieu qui ne présente aucun danger. Dans le cas contraire, s'il s'agit d'un chef d'institution, il doit d'abord explorer soigneusement l'endroit de la rivière où il voudra conduire ses élèves, limiter par des poteaux et des barres transversales l'espace qu'il leur destine, et se placer lui-même dans une position convenable pour les avoir constamment sous les yeux et pouvoir leur porter secours sans perdre de temps.

Une bonne précaution serait de commander l'exercice comme pour le gymnase ordinaire : ranger les nageurs en une seule ligne, avec de l'eau jusqu'au sein ; les faire tenir par la main et leur prescrire tantôt de battre l'eau avec les pieds, tantôt d'abaisser le corps et le menton jusqu'au niveau de l'eau, puis de se relever brusquement et de répéter ces mouvements alternativement. Pendant ce temps, quatre élèves seulement s'exerceraient à nager, suivis et guidés par le maître, qui serait ainsi mieux à même de les secourir. On pourrait aussi employer un moyen, très-usité en Chine, et qui serait praticable dans beaucoup de localités : quatre bambous ou quatre cylindres de bois léger et creusés, chacun de quatre à cinq pieds de longueur et croisés parallèlement deux à deux,

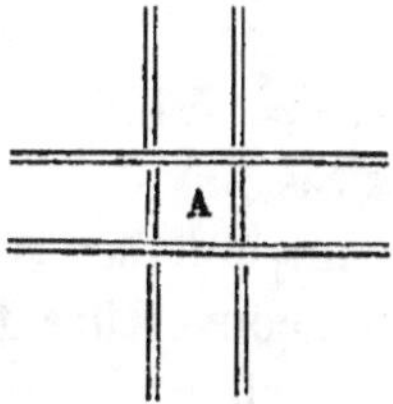

de manière à laisser au centre une ouverture carrée A, et suffisante pour que la tête et les épaules du nageur puissent y passer facilement, forment un appareil de sauvetage très-commode et à l'aide duquel, en Chine, des nageurs font plusieurs lieues sans prendre terre et sans être exposés ; car il leur suffit d'étendre les bras pour que le corps ne puisse enfoncer. Des tiges de roseau, solidement réunies, pourraient également former cet appareil, dont l'utilité pour les jeunes nageurs n'a pas besoin de démonstration.

Les mœurs doivent aussi être sauvegardées dans cet exercice : les élèves doivent conserver un caleçon, se munir d'un peignoir ou d'un drap de corps bien sec, et suffisamment grand pour pouvoir se couvrir, s'essuyer tout entier au sortir du bain, et permettre d'enlever les caleçons mouillés et de se revêtir des habillements ordinaires, sans que la pudeur des baigneurs soit exposée.

J'ai dit qu'une surveillance incessante devait entourer les baigneurs, car ils peuvent être pris de crampes douloureuses ou d'une syncope qui entrave leurs mouvements, et les expose à la mort par submersion; aussitôt il faut qu'une main ferme puisse les soutenir et les ramener sur la rive. S'il arrivait qu'il y eût submersion, perte de connaissance, asphyxie, il faut s'empresser d'appeler un homme de l'art, et, en attendant, les assistants doivent donner tous les soins possibles au noyé. Voici les secours qui conviennent en pareils cas :

1° Dépouiller le noyé de ses vêtements mouillés, l'envelopper dans une couverture de laine ou d'autres tissus chauds, le coucher à demi la tête un peu inclinée vers le côté droit et soutenue par deux oreillers ; puis lui frictionner sans relâche la poitrine, le dos et les membres, avec ce que l'on aura de plus fort sous la main; avec de l'esprit-de-vin, du genièvre, de l'eau-de-vie camphrée, de l'alcali volatil affaibli par l'adjonction d'une certaine quantité d'eau; du vinaigre, des brosses sèches; réchauffer les pieds avec des briques chaudes, des linges trempés dans l'eau chaude;

2° Insuffler de l'air dans la poitrine; le meilleur moyen d'opérer est de placer un tissu léger sur la bouche du patient, de lui pincer les narines et en appliquant la bouche sur sa bouche, d'insuffler l'air par intervalles en lui faisant imiter une respiration naturelle ; ce procédé est beaucoup plus expéditif et vaut mieux que tous les instruments, les soufflets, etc.; mais il faut, pour le mettre en usage, une personne saine et robuste qui y mette beaucoup de dévouement ;

3° Passer un ou deux lavements avec de l'eau vinaigrée dans laquelle on aura fait dissoudre une demi-once de sel de cuisine pour chaque lavement.

S'il y a possibilité de faire avaler, donner de temps en temps un peu d'eau avec quelques gouttes d'eau de Cologne, d'eau-de-vie camphrée et de vin.

4° Si la face est rouge, la veine sera ouverte par le médecin, qui prescrira en même temps, s'il y a lieu, des moyens plus énergiques, tels que les moxas (brûler de l'amadou sur la peau), des cautérisations avec un fer rouge, etc. Dans tous les cas, il ne faut point désespérer trop vite de rappeler un noyé à la vie ; il faut, sans se lasser, continuer ses soins au moins pendant quatre heures, et allumer auprès du malade un feu de paille ou de ramilles, pour qu'il en reçoive l'action bienfaisante.

J'expose ces secours avec d'autant plus de soin, que de fâcheux préjugés existent chez le peuple à cet égard. Ainsi beaucoup de gens s'imaginent qu'on doit laisser intact, et sans s'en occuper, tout cadavre trouvé sur le bord d'une rivière ou sur un chemin, tant que la justice ne s'est pas rendue sur les lieux. C'est là un acte d'inhumanité, qui n'est excusé par aucun motif. Le devoir de tous, en pareil cas, est de porter secours, et de faire tout ce qui est humainement possible pour rappeler une vie qui n'est souvent éteinte qu'en apparence et que des soins charitables peuvent ranimer.

Il est aussi souverainement absurde et très-dangereux de soulever un noyé par les pieds, sous prétexte de lui faire vomir l'eau qu'il aurait avalée. Ce n'est pas cette eau qui met la vie en danger, mais la privation d'air, mais la suspension de la respiration par suite de l'immersion, et c'est la respiration qui doit être ranimée avant tout.

Il faut également s'abstenir de donner à un corps des secousses trop fortes, d'ingérer des boissons forcément quand la déglutition ne se fait pas bien, de passer des lavements de tabac, etc. La chose principale est de ne pas perdre un temps précieux, de ne pas se lasser de frictionner et d'appeler entre-temps des hommes de l'art le plus tôt possible.

Je me hâte de le dire, ce n'est pas la prévision d'accidents de ce genre à arriver aux élèves des écoles qui m'a fait entrer dans ces détails, c'est plutôt la nécessité de détruire les préjugés et d'éclairer le peuple par la voie des instituteurs; car si ces derniers exécutent prudemment les conseils que nous avons donnés sur la natation, des malheurs de ce genre ne seront jamais à craindre.

Dans les saisons où les bains de rivière ne peuvent pas être pris, on fera bien de recommander aux jeunes gens de se laver souvent les pieds, les jambes, les bras et la poitrine avec de l'eau fraîche, de bien s'essuyer après ces lotions, puis de prendre un peu d'exercice. C'est un excellent moyen de se fortifier et de se mettre à l'abri de l'influence des variations de température.

§ IV. — *Des vêtements.*

Les vêtements doivent aussi concourir, pour une large part, à la propreté du corps. Je ne puis trop recommander aux instituteurs d'inspecter les habillements des élèves dès leur entrée en classe. Les déchirures et les taches qui ne sont pas l'effet d'un long usage témoignent chez l'élève un défaut d'ordre et de propreté. Tout écolier qui se présente avec des vêtements dont l'étoffe est neuve, et qui cependant sont sales et délabrés, doit être réprimandé. L'instituteur doit lui faire comprendre combien il est honteux de ne pas avoir plus de soin pour des habillements que des parents achètent avec bien de la peine, et souvent en s'imposant à eux-mêmes des privations. S'il s'agit d'élèves de première division d'une école de filles, on doit leur infliger pour punition le raccommodage le plus soigneux des déchirures. Il faut surtout se garder de faire naître la vanité chez les enfants et le goût de vêtements recherchés. Ce qu'il faut vanter, c'est leur propreté et leur conservation, c'est leur ajustement décent et convenable. Il faut surtout faire comprendre aux pauvres que leur vêtement est beau et honorablement porté dès qu'il est propre, et être très-rigoureux sur cette condition, car l'eau ne coûte rien. Une mère pauvre et soigneuse peut tenir ses enfants propres, surtout si ceux-ci reçoivent les recommandations nécessaires pour ne pas rendre ses soins infructueux.

Quels sont les vêtements qui conviennent le mieux à la santé en général, et quelle forme doit-on leur donner?

Partons d'abord de la chemise. Un préjugé bien extraordinaire est généralement répandu dans le peuple sur la propriété des étoffes de coton. On croit qu'elles sont peu salubres, capables d'amener des maladies, d'envenimer des écorchures, etc. Rien n'est plus faux ni plus nuisible au peuple :

1° Parce que les tissus de lin ou de chanvre sont beaucoup plus coûteux ; et il en résulte que telle personne, qui aurait quatre chemises de coton, ne peut acheter qu'une ou deux chemises de toile, et se prive des moyens de changer assez fréquemment de linge pour se tenir propre ;

2° Parce que le coton est un vêtement plus chaud que la toile, et qu'en hiver la plupart des personnes nécessiteuses souffrent du froid et ne donnent pas la préférence à la chemise la plus chaude. Enfin, parce que la chemise de toile laisse facilement évaporer la sueur, se refroidit sur le corps, tandis que le coton a des propriétés contraires, qu'il expose moins ceux qui le portent à des arrêts de transpiration. Nous recommandons donc de donner la préférence aux chemises de coton, surtout chez les enfants et chez les personnes faibles qui ne se procureraient que très-difficilement des chemises de flanelle, ou qui ne pourraient s'accoutumer au contact de cette dernière.

Jamais il ne faut porter des cravates serrantes ni trop chaudes ; celles-ci exposent aux maux de gorge plutôt qu'elles n'en préservent ceux qui y sont sujets.

On ne saurait habiller les enfants trop simplement. Bien des parents font de leurs petites filles et même des petits garçons de véritables poupées qu'ils enjolivent d'une manière ridicule et dont ils altèrent la santé par des imprudences qui sont à la mode. Les enfants habillés avec recherche sont presque tous dans une véritable malaise qui les empêche de se livrer aux mouvements et aux jeux de leur âge ; ils se croient supérieurs à leurs camarades, dédaignent l'étude et le travail, et souvent on les voit, pétris d'ignorance et de vanité, abandonner leurs études pour traîner dans la société une vie désœuvrée.

Les étoffes de coton et surtout de laine doivent être préférées pour la confection des vêtements ; il faut du reste varier ces derniers selon les saisons, mais en général quitter assez tard les vêtements d'hiver et les reprendre de bonne heure. Beaucoup d'ouvriers deviennent malades, parce qu'ils sont trop légèrement vêtus dans les temps rigoureux. Quand leur travail ou le séjour dans une chaumière basse et fortement chauffée a excité chez eux la transpiration, ils s'exposent presque nus à un froid intense et contractent des pleurésies ou des catarrhes violents, qui sont leurs maladies les plus communes pendant tous les hivers.

La façon en blouse, c'est-à-dire l'ampleur des vêtements est de rigoureuse nécessité pour l'enfant et pour l'ouvrier ; une ceinture mobile, soutenant et affermissant les reins et les mouvements du corps, est un appendice bien utile à l'habillement de ce dernier.

En hiver, la tête a besoin d'être couverte d'un bonnet qui ne doit point être trop chaud. Pour l'été, c'est un chapeau de paille ou de feutre blanchâtre qui convient le mieux. En tout temps, dans une chambre fermée, la tête doit être découverte.

La chaussure doit être sèche et propre; les bas de laine sont à recommander à tous les individus, surtout pour l'hiver. Des souliers et des guêtres valent mieux que les bottes; jamais il ne faut conserver des chaussures trop étroites; celles qui offrent l'excès opposé sont moins nuisibles, mais présentent aussi des inconvénients.

Lorsque des écoliers, surpris par la pluie, entrent en classe avec des vêtements et des souliers imprégnés d'humidité, l'instituteur doit faire son possible pour qu'ils puissent sécher ces vêtements, qui deviendraient dangereux à cause de l'inaction à laquelle les élèves sont condamnés pendant la classe.

Il faut avoir soin de changer fréquemment de linge, quand même il ne paraîtrait pas sale; car il est toujours, au bout d'un certain temps, imprégné des émanations du corps. Ainsi on ne saurait changer trop souvent de chemise; il est bon d'en avoir une pour la nuit et une pour le jour, et de renouveler cette dernière deux fois par semaine. Certains ouvriers devraient, pour le travail, avoir une chemise de couleur foncée et la quitter le soir. Rien ne délasse comme le lavage à l'eau froide et le changement de linge; tant il est vrai que la propreté constitue dans toutes les occasions un des plus fermes soutiens de la santé et des forces corporelles.

CHAPITRE IV.

Des excrétions.

━━◆━━

Considérations générales. — § Ier. De la transpiration cutanée. —
§ II. De la défécation. — § III. Des urines.

On appelle excrétion l'acte par lequel nous expulsons certains liquides et divers produits de notre économie, dont la rétention serait nuisible à la santé. Ainsi on excrète la sueur, l'urine, etc. Il serait inutile d'entrer ici dans l'exposition de tous les phénomènes du même genre qui sont du ressort de la physiologie humaine. Il importe, au but que nous nous sommes proposé, de traiter seulement des excrétions sur lesquelles notre volonté peut avoir une influence plus ou moins directe.

Règle générale. — Toute cause qui peut suspendre ou exciter outre mesure une excrétion est une source de graves perturbations pour l'économie, et peut engendrer des maladies dangereuses. Cette règle, applicable à toutes nos fonctions importantes, doit surtout être expliquée par rapport à la transpiration, à l'émission des urines et à la défécation.

11.

§ I. — *De la transpiration cutanée.*

Constamment il s'opère à la surface de la peau un dégagement insensible et en quelque sorte vaporeux qui élimine du sang des matériaux qui ne lui conviennent pas : la viciation du fluide sanguin, les scrofules, et toutes les cachexies peuvent résulter de la suspension de cette fonction. Les obstacles les plus ordinaires que rencontre cette dernière, sont la malpropreté, les occupations sédentaires et le séjour dans les lieux froids et humides. Il faut donc éviter ces trois sources d'insalubrité : 1° par les précautions indiquées au chapitre précédent ; 2° par l'assainissement des maisons et des ateliers ; 5° par un exercice modéré, des promenades à pied et des jeux actifs qui conviennent aux adultes aussi bien qu'aux enfants, surtout quand les premiers sont des tisserands, des tailleurs, des cordonniers, etc.

La transpiration cutanée insensible augmente, et va jusqu'à la sueur, par un exercice très-actif ou par l'influence d'une température élevée. Ainsi, en été, on sue facilement, quand on se donne du mouvement. Cette sueur n'est pas nuisible, pourvu qu'on ne la supprime pas subitement. Les écoliers qui viennent de courir ou de suspendre leurs exercices gymnastiques ne doivent point s'arrêter tout à coup dans des endroits froids, ni se coucher sur un sol humide ; ils doivent, au contraire, se couvrir de leur blouse, continuer à se donner un certain mouvement, et laisser décroître insensiblement l'excitation de la peau. Le même précepte est applicable aux ouvriers qui cessent leurs travaux. Plonger ses membres dans l'eau, boire de l'eau froide, s'endormir à l'ombre ou se placer dans des courants d'air, est également très-dangereux pour des individus qui sont en sueur. Ainsi, nous voyons souvent des faucheurs contracter des maladies mortelles par suite de ces imprudences; il en est de même des batteurs en grange, qui, tout à coup, établissent un grand courant d'air pour séparer, à l'aide du vannage, la graine des débris auxquels elle restait mélangée.

Provoquer des sueurs copieuses sans raison, c'est s'affaiblir inutilement et se rendre plus susceptible de ressentir les effets pernicieux du froid. Il ne faut donc pas charger son lit de trop nombreuses couvertures, ni chauffer outre mesure les ateliers ni les habitations.

Ce n'est point non plus parce qu'on serait indisposé et qu'on aurait ressenti des frissons, qu'il faut s'empresser de s'entourer d'une chaleur brûlante, prendre des bains de vapeur, ni se gorger de tisanes de sureau ou de toute autre plante excitante. On voit souvent ces pratiques funestes et pourtant si répandues à la campagne déterminer des congestions toujours graves, et quelquefois mortelles, chez des individus qui, sans elles, n'auraient été atteints que d'un simple rhume, ou de toute autre affection légère et facilement curable. De ce qu'elles sont quelquefois innocentes, il n'en faut pas conclure qu'elles ont guéri, car le mal se serait dissipé sans elles. Des frissons marquent le début de presque toutes les maladies aiguës; ils n'indiquent pas pour cela qu'elles viennent d'un refroidissement, et quand cette cause serait évidente, il n'en résulterait pas que des sueurs forcées peuvent amener la guérison. Dans presque tous les cas, il faut au contraire enlever la congestion ou l'inflammation par des remèdes appropriés, puis des sueurs préviennent spontanément, et la guérison s'achève. Lors donc qu'il survient des frissons à un individu sain ou indisposé, on doit le placer au lit, lui donner une légère infusion de tilleul tiède, un bain de pieds, et quelques soins familiers, et si son affection présente quelques caractères sérieux, on doit prendre les conseils d'un médecin et ne pas s'exposer à perdre un temps précieux ni à quintupler son mal.

§ II. — *De la défécation.*

Dans l'état de santé, une ou deux selles ont ordinairement lieu tous les jours. Cependant des individus à forte constitution n'en ont quelquefois qu'une tous les deux jours sans en être gêné. La liberté du ventre est nécessaire pour se bien porter; si elle n'existe pas, il y a gêne, tristesse, perte d'appétit ou des accidents plus graves. Nous laissons de côté la constipation, qui est liée à un état maladif; c'est au médecin à s'en occuper; mais lorsqu'elle survient chez des individus bien portants, ceux-ci doivent s'empresser d'en rechercher la cause et de la faire disparaître; ainsi elle résulte souvent de l'oisiveté ou d'occupations trop sédentaires. Dans ce cas, un exercice modéré en est le meilleur remède. Elle peut aussi provenir d'un régime trop excitant; il faut alors bannir de son alimentation les substances échauffantes, faire usage de légumes, de fruits bien mûrs, de petit-lait, de jus de pruneaux, etc. Dans tous les cas, des lavements d'eau tiède miellée valent mieux que des drogues qui, prises à contre-temps, peuvent déterminer des accidents mortels.

Il est une classe de personnes assez communes à la campagne qui doivent surtout prendre garde à la constipation : ce sont celles qui sont atteintes de *hernie* ou *rupture ;* celles-là ne doivent jamais user de nourriture trop échauffante ; elles doivent surtout prendre soin de maintenir leur hernie bien réduite à l'aide d'un bon bandage, et recourir au médecin, si la liberté du ventre se supprimait tout à coup chez elles.

Il en est des selles comme des sueurs ; il faut se garder de les exagérer sans besoin, et de prendre à tort et à travers des purgatifs dont on n'a pas besoin, et qui, dans certains cas, peuvent, je le répète, déterminer de funestes accidents.

Il est des personnes qui sont souvent prises de diarrhées, qui les affaiblissent sans bénéfice aucun pour leur santé. Cette indisposition vient parfois d'un défaut de sobriété dans les repas ou de l'usage d'aliments de mauvaise qualité, de fruits cueillis avant la maturité, etc. Qu'on éloigne les causes, les accidents ne reparaîtront plus.

Souvent, pendant l'été, à la suite d'un orage, une diarrhée intense se déclare chez certaines personnes sensibles. Elles ne doivent pas s'en inquiéter, mais faire diète un jour ou deux et boire de l'eau d'orge ou de riz. D'autres sont prises du même dérangement, sous l'influence du froid humide. Si elles adoptent l'usage des lavages journaliers à l'eau froide, elles y séront beaucoup moins sujettes, ou bien elles agiront sagement en portant sur le ventre une ceinture de flanelle.

Je ne répéterai pas ici ce que j'ai dit de la construction des latrines en parlant des écoles primaires. Tout particulier doit en pourvoir son habitation, et surtout tâcher de diriger ses eaux pluviales de manière à ce qu'elles entraînent dans la fosse à purin les matières des fosses d'aisances. C'est un moyen excellent pour éviter des sources d'infection autour de sa maison, et pour utiliser des engrais dont la puissance fertilisante est prouvée par tant de faits.

§ III. — *Des urines.*

Tout le monde sait combien il est dangereux de résister au besoin d'uriner. L'inflammation ou la paralysie de la vessie peut résulter du retard qu'on apporterait à satisfaire ce besoin naturel. Un autre danger peut en résulter dans l'enfance, celui d'engendrer des habitudes honteuses : signaler ces dangers suffira pour qu'on cherche à en éviter la cause, et cela est assez facile dans la vie ordinaire, sans s'exposer à blesser les convenances. Il suffit pour cela de contracter de bonnes habitudes et d'avoir la précaution de bien vider la vessie avant d'entrer dans une assemblée d'où l'on pourrait difficilement sortir, avant de monter dans une voiture de chemin de fer, etc. Mais la satisfaction des besoins naturels amène dans les écoles, par les sorties qu'elle nécessite, des désordres de divers genres qui ont dû attirer l'attention des pédagogues les plus sérieux.

Nous avons dit, en parlant des latrines, qu'il ne fallait jamais laisser pénétrer plus d'un élève à la fois dans chaque cabinet, et nous maintenons cette règle. Mais certains pédagogues ont été plus loin, et ne permettent pas ces sorties individuelles, parce qu'ils croient qu'on peut habituer les écoliers à ne pas ressentir certains besoins pendant les heures de classe. A mon avis, ce précepte est trop absolu, surtout pour les jeunes élèves ; il est certain qu'on peut rendre les sorties de plus en plus rares, en conseillant aux enfants de prendre des précautions avant l'entrée à l'école ; mais il n'en est pas moins vrai que des exceptions se présenteront tous les jours, et qu'on devra y avoir égard, si on ne veut exposer gravement la santé des élèves. Quelques instituteurs ont pris une autre mesure ; vers le milieu de la classe, ils accordent une sortie à toutes les filles, puis une sortie à tous les garçons. On comprend, jusqu'à un certain point, qu'on ait pu adopter cette pratique, quand l'école était dépourvue de lieux d'aisances et contiguë à un terrain abrité. Mais elle n'est toujours qu'un pis-aller dangereux pour les mœurs et la salubrité.

Certains enfants sont atteints d'une infirmité très-incommode et qui, quelquefois, peut rendre nécessaire leur éloignement de l'école, je veux parler de l'incontinence des urines. Très-rare le jour, plus commune la nuit, cette incontinence s'observe presque toujours chez des enfants dont l'intelligence est peu développée. Lorsqu'elle n'est que nocturne, et que les parents ont soin de baigner leurs enfants et de leur mettre, tous les matins, du linge propre, leur admission à l'école ne rencontre aucune difficulté; mais lorsque l'incontinence est diurne et qu'il y a négligence des soins de propreté, l'enfant exhale une odeur repoussante qui infecte l'école. J'ai rencontré ces cas dans mes inspections, et j'ai conseillé aux instituteurs de recommander aux parents d'employer les soins précités ; de faire prendre des bains frais, le soir, et de faire examiner l'enfant par un médecin, ajoutant que, si ces recommandations n'étaient pas suivies, les instituteurs feraient bien d'en référer à l'administration communale et de demander le renvoi de l'élève affecté. Ce conseil, je le réitère ici, car dans aucun cas il ne faut compromettre la santé de tous les élèves par complaisance pour un seul.

CHAPITRE V.

Des aliments et des boissons; des plantes et des fruits vénéneux.

***

SECTION PREMIÈRE.

§ I.

Les aliments solides et liquides sont indispensables à l'homme bien portant pour entretenir sa vie et réparer ses forces; mais ils doivent être pris dans une certaine mesure; car ceux qui font leur dieu de

leur ventre, non-seulement font une chose honteuse,
qui les ravale au-dessous des animaux, mais adoptent
un genre de vie qui les expose à toutes sortes d'accidents. Les enfants sont souvent enclins à la gourmandise; on doit combattre ce penchant vicieux, en
démontrer la honte et les dangers.

Tous les individus ne se ressemblent pas sous le
rapport des besoins alimentaires : pour les uns, la
nourriture doit être moins copieuse et plus légère :
tels sont ceux qui ont des occupations sédentaires et
qui travaillent plutôt de la tête que des bras. Les enfants, quoique jouissant d'une grande faculté diges-
tive, ne doivent point avoir un régime aussi nutritif
que les adultes.

Les personnes qui se livrent à des travaux pénibles et fatigants ont besoin d'une nourriture sub-
stantielle et abondante : tels sont les ouvriers agricoles en général.

Les saisons et les climats doivent aussi modifier
la quantité et la qualité des aliments. Tout le monde
sait que, dans les pays froids, on supporte plus facilement les excitants, et que, plus on s'avance vers le
nord, plus on a besoin d'une nourriture forte et ani-
malisée. La variation des saisons doit aussi amener
des changements dans notre régime : écoutons
encore les préceptes de l'École de Salerne :

> « Au retour des zéphyrs, sobre en vos aliments,
> « Ne vous surchargez point de trop de nourriture,
>   « Et songez qu'alors la nature
> « Des plantes et du corps excite les ferments.
>   « Quiconque mange outre mesure,
>   « Durant les chaleurs de l'été,
>   « Est l'ennemi de sa santé.

« Ménagez-vous durant l'automne,
« Et ne vous fiez point aux piéges de Pomone.
« L'hiver vous met en sûreté,
« Suivez votre appétit en toute liberté.

Du reste, en tout temps, pour se bien porter, il faut, avant de manger, attendre l'appétit, le satisfaire sans excès, mais non le prévenir ; il est le premier élément d'une bonne digestion. Cependant il ne faut pas attendre que l'appétit soit poussé jusqu'à la faim, car celle-ci produirait la faiblesse, et nous porterait à manger avec excès.

§ II. — *Régularité et nombre de repas.*

Ce n'est pas ce que l'on mange qui nourrit, mais ce que l'on digère. Or l'appétit, qui nous fait trouver bon ce que nous mangeons, et qui favorise tant la digestion, ne peut être réglé que par des habitudes régulières. Prendre ses repas tous les jours à la même heure est une règle hygiénique aussi commode dans la vie que précieuse pour la santé. Parfois on éprouve quelque difficulté à amener les enfants à la pratiquer ; cependant on peut y parvenir sans danger lorsqu'ils ont atteint l'âge de 7 ans. C'est pourquoi, la durée des classes n'étant que de trois heures, on doit interdire aux écoliers de manger dans les écoles primaires, et ne laisser cette liberté qu'aux élèves des écoles gardiennes, c'est-à-dire aux enfants de 5 à 7 ans.

Combien doit-on faire de repas par jour? Il est impossible de donner une réponse absolue à cette question ; les besoins de l'âge, les exigences de l'appétit et le plus ou moins de facilité de digestion sont les seuls guides à suivre. Ainsi les enfants et les jeunes gens qui grandissent, et qui prennent beaucoup d'exercice, font habituellement quatre repas ; deux ou trois suffisent aux hommes faits. L'habitude et le genre de vie entrent encore pour beaucoup dans la fixation du nombre et des heures des repas. Ces derniers ne doivent jamais être assez éloignés pour que l'appétit soit poussé jusqu'à la *faim ;* ils ne doivent jamais être assez rapprochés pour que le second ait lieu avant que le premier ne soit bien digéré.

L'homme des champs doit manger plus souvent que le citadin sédentaire, parce que le premier a plus d'appétit, que ses aliments sont en général moins nutritifs, et qu'il fait une plus grande dépense de forces. Ses repas doivent être plus nombreux, parce qu'ayant besoin d'aliments abondants, il ne convient pas qu'il fasse des repas trop copieux, dont la digestion serait troublée par les rudes travaux auxquels il se livre, habituellement, presque immédiatement après.

§ III. — *Moyens économiques d'améliorer le régime des campagnards.*

Si, parmi les ouvriers agricoles, il s'en trouve qui se font remarquer par leur gourmandise, on en rencontre à coup sûr un plus grand nombre qui ne prennent point une nourriture proportionnée à leurs fatigues. L'homme qui travaille toute la journée, en plein air, doit prendre autant d'aliments qu'il peut en digérer, et se préoccuper de leur choix et de leur variété plus qu'on ne le fait ordinairement à la campagne. Un peu de paresse, un défaut de prévoyance et d'économie de la part des femmes de ménage, sont les causes principales de la mauvaise alimentation des familles ouvrières ; je dirai aussi, en parlant des boissons, la part qui peut être imputée au mari dans ce résultat.

Dans presque toutes les campagnes en Belgique, dans les cantons mêmes où le paupérisme fait le moins de ravages, les ouvriers agricoles se nourrissent en famille de pain, de pommes de terre et d'infusion de café : c'est là un régime trop peu réparateur pour les fatigues qu'ils supportent, et je suis convaincu que, plus éclairées et plus soigneuses, leurs ménagères pourraient, sans dépenser davantage, l'améliorer considérablement.

Il entre dans les devoirs des institutrices de donner sur ce sujet des conseils aux élèves les plus avancées, et même d'en causer avec les mères de famille, quand elles en ont l'occasion. Il est prouvé, par des expériences très-concluantes faites sur des animaux, qu'on se nourrit beaucoup moins avec une quantité d'aliments toujours les mêmes, que quand on a soin de les varier. Chaque ménage a généralement un petit jardin ; au lieu de n'y cultiver que des pommes de terre, pourquoi ne cherche-t-on pas à y récolter d'autres légumes qui se conservent très-bien en hiver, et qui ne sont pas sujets à d'aussi fréquentes maladies ? Tels sont les haricots, les lentilles, les pois, les fèves de marais, qui contiennent une grande quantité de matière nutritive, et qui peuvent s'accommoder sous tant de formes différentes; les choux, qui, conservés en choucroute, n'en sont que plus nourrissants pour de bons estomacs; les carottes, les scorsonères, enfin les petites plantes, qui sont ordinairement employées soit comme condiments, soit comme bases des potages.

On sait que les légumes gelés doivent être jetés, car ils ne sont propres qu'à engendrer des maladies. Cependant il est une exception dont les ménages nécessiteux devraient surtout tirer profit, je veux parler des pommes de terre qui, bien que désorganisées par la gelée, n'ont besoin que d'être écrasées et débarrassées par des lavages successifs de toute la partie décomposée pour fournir une fécule saine et nutritive; cette fécule, bien séchée, peut être incorporée au pain, ou se conserver longtemps et être employée à divers usages.

Les familles pauvres boivent le café trois ou quatre fois par jour, tandis qu'à deux repas au moins elles pourraient y substituer avec économie des potages bien faits et plus nutritifs.

Pourquoi le pauvre ouvrier est-il privé presque toute sa vie du plaisir de manger quelques fruits, et ses enfants sont-ils portés à aller les marauder? C'est souvent, il faut bien l'avouer, à cause de l'indifférence du premier : arracher dans le bois quelques souches de pommier ou de prunier sauvage, les planter dans les coins de son jardin, les greffer de bons fruits, n'est pas une chose si dispendieuse ni si difficile. Les fruits, à la saison, ou séchés pour l'hiver, constitueraient cependant une douceur bienfaisante pour son ménage, car les fruits bien mûrs ne sont jamais malsains pour les personnes bien portantes. Ce qui fait qu'ils deviennent parfois une cause d'insalubrité, c'est qu'on les mange avant leur maturité ou après leur altération par la gelée ou par la pourriture.

Élever quelques ruches d'abeilles, nourrir quelques poules, n'est pas une chose difficile ni coûteuse, et le miel et les œufs qu'elle procurerait pourraient occuper une place bien utile dans le repas du campagnard. Enfin, combien pourraient nourrir un porc, et même une vache, et qui ne le font pas, parce que la ménagère redoute l'embarras et un surcroît de besogne dont elle serait pourtant bien payée par l'amélioration du régime de toute la famille !

Il serait également à désirer que la viande pût entrer dans le régime des ouvriers agricoles, en attendant que les progrès de l'agriculture nationale abaissent considérablement le prix de la viande ; il est certaines occasions dont les ménages pourraient profiter, pour se procurer ce bienfait, sans dépense exagérée : ainsi des têtes et des jarrets de bœuf, de veau et de mouton, peuvent être achetés à très-bas prix dans les boucheries de la campagne, et peuvent servir de base à des bouillons et même fournir de bons aliments solides qui ne coûteraient guère plus que le café et le pain.

§ IV. — *De la viande de cheval et des animaux morts par accident, etc.*

Des accidents terribles sont quelquefois survenus à des gens qui n'ont pas craint de manger la chair d'animaux crevés ou abattus, parce qu'ils étaient atteints de maladies contagieuses, telles que le charbon, etc. Pour ces derniers, la prohibition doit être absolue et sévèrement surveillée ; mais, par contre, ne voit-on pas bien souvent jeter aux chiens des viandes qui pourraient être avec avantage employées à la nourriture de l'homme? Récemment l'Académie royale de médecine de Belgique s'est occupée, à la demande du ministre, de cette importante question d'hygiène populaire. Après une discussion approfondie, il a été décidé qu'il y aurait avantage pour la santé publique à autoriser le débit de la viande provenant des chevaux sains ; que les chevaux et les bêtes de boucherie, affectés de maladies inflammatoires, peuvent être abattus et livrés à la consommation, pourvu que l'on prenne la précaution de les faire mourir ensangues ; que ceux qui périssent par des coups de sang, des blessures, des pertes de sang, sans maladie ou par suite de tout autre accident violent, pourront aussi être livrés à la consommation, mais à la condition qu'un médecin vétérinaire aura constaté par écrit qu'ils ne sont pas atteints de phthisie avancée, de clavelée, de cachexie aqueuse, de ladrerie, de rage, de morve, de farcin, de fièvre typhoïde ou charbonneuse, ou de toute autre maladie propre à altérer le sang et les tissus.

Cette décision, si elle était bien connue, empêcherait que beaucoup de viande ne fût perdue, et il est fortement à désirer que les préjugés qui règnent dans le peuple, notamment contre la viande de cheval, soient dissipés. En Danemark, depuis plus de quarante ans, on vend beaucoup de viande de cheval dans les abattoirs, et, pour douze centimes, le peuple peut se procurer une livre d'un aliment à la fois nutritif et sain, et donner ainsi à son régime plus de force et de variété sans dépasser les bornes d'une stricte économie.

Rien n'est plus déraisonnable que le préjugé qui existe contre l'usage de la viande de cheval ; cet animal non-seulement est plus beau que le bœuf, mais il est tout aussi propre ; le goût de sa chair n'est pas désagréable, et dans une foule d'occasions, l'expérience a prouvé qu'elle est tout aussi saine que toutes celles qu'on débite habituellement dans nos boucheries. Ainsi dans les campagnes du Rhin, de la Catalogne, en Égypte, à l'île Lobau et ailleurs, le célèbre chirurgien Larrey mit en réquisition les chevaux et les fit abattre pour nourrir les malades et les blessés, qui en retirèrent les meilleurs résultats. Ce régime aida même à faire disparaître une épidémie scorbutique qui ravageait toute l'armée.

Enfin on sait maintenant avec certitude que la viande de cheval entre pour une forte proportion dans ces saucissons qui sont servis sur les meilleures tables et recherchés par les gastronomes les plus friands. Jamais leur usage n'a été suivi d'accidents qui leur fussent propres. Pourquoi le peuple, par un dégoût que rien ne légitime, se prive-t-il d'un aliment sain, quand souvent il souffre de la pénurie et de la faiblesse du régime alimentaire? Détruire ce préjugé par l'exemple et par des exhortations me paraît un devoir pour tout véritable ami du peuple.

Il est bon que l'on soit prévenu contre *certaines fraudes* qui sont assez communes dans le commerce des substances alimentaires, afin de ne pas s'exposer à en être victime : ainsi, pour finir ce que j'avais à dire de l'usage de la viande, j'ajouterai qu'une chair fraîche de bonne qualité doit être d'une couleur vermeille dans sa portion charnue, et d'un blanc jaunâtre dans sa graisse. L'odeur de la bonne viande est fade, mais jamais elle ne doit être forte ni désagréable. Sa consistance doit être ferme, et cependant juteuse si on la comprime fortement. On doit refuser toutes les viandes qui ont soit de l'odeur, soit une couleur violacée ou noirâtre. Les bouchers peuvent, à l'aide de certaines substances, enlever à la viande gâtée sa mauvaise odeur, mais ils ne peuvent lui restituer sa couleur vermeille et sa fermeté. (*Hygiène populaire du conseil de salubrité publique de Bruxelles.*) Il faut donc faire surtout attention à ces deux qualités.

La meilleure méthode d'arranger les viandes est de les bouillir, de les griller ou de les rôtir. Les ragoûts et toutes les sauces au beurre noir dérangent souvent l'estomac.

§ V. — *Du sel et des assaisonnements.*

Les aliments, pour être digestibles, ont besoin d'être assaisonnés. Le sel est l'assaisonnement nécessaire et indispensable de presque toute nourriture; sa privation, longtemps continuée, détériorerait la constitution et engendrerait des maladies. On sait tout le parti que les bons cultivateurs en tirent pour l'engraissement du bétail. Cela tient à ce que des aliments convenablement salés sont mieux digérés et plus complétement assimilés : de sorte qu'avec une quantité donnée de matière alimentaire on produit un effet presque double sur la nutrition en y joignant le sel.

Ce fait prouve à l'évidence combien il est utile d'en mettre une dose convenable dans le pain et dans les principaux objets de notre consommation habituelle. Le poivre, le vinaigre, l'oignon, le persil, l'ail, l'échalote, le cerfeuil, sont autant de substances qu'il est utile de faire pénétrer dans la nourriture des familles pauvres, parce qu'elles la varieraient et en rendraient la digestion plus facile. Autant les riches abusent des épiceries et des assaisonnements, autant les ménagères de la classe inférieure pèchent par leur omission.

Des deux côtés les excès sont nuisibles, et l'hygiène les condamne également.

§ VI. — *De la farine et du pain.*

Pour être de bonne qualité, la farine doit être d'un blanc jaunâtre ; l'aspect blanc mat annonce qu'on lui a enlevé une partie de sa fleur ; le blanc bleuâtre dénote un mélange avec d'autres substances ; le blanc terne ou rougeâtre prouve son altération par la fermentation ou sa falsification par des farines de mauvaise qualité. Son odeur doit être douce, fade, ni alcaline, ni acide ; elle ne doit offrir aucun goût de moisi ni d'échauffé. Mâchée dans la bouche, elle doit former une pâte liante, ne point piquer la langue et n'offrir aucune saveur âcre.

La bonne farine est douce au toucher, sèche et pesante ; pressée dans la main, elle reste en pelote ; quand la farine n'a pas ces caractères, et qu'elle est granuleuse, c'est qu'elle a subi des avaries ou qu'elle a été mal moulue. Si, quand on délaye de la farine dans douze ou quinze fois son poids d'eau et qu'on la fait bouillir pendant 4 à 5 minutes, elle ne se dissout pas tout entière et qu'elle laisse déposer quelque chose au fond du vase, c'est qu'elle est falsifiée par du sable ou de la craie, du plâtre ou toute autre substance étrangère qu'un pharmacien pourrait facilement reconnaître ; de même, si le pain lève mal, quoiqu'il soit bien préparé, s'il est lourd et mat, s'il a un goût désagréable, il est à craindre que la farine ne contienne de la fécule de pommes de terre, de féveroles ou de pois, et dans ce cas encore, il faut aussi la faire examiner par un pharmacien instruit.

Il est bon que les instituteurs et le peuple tout entier soient à même de veiller à la pureté des farines, et qu'on arrive ainsi plus facilement à la répression de spéculations coupables, qui ne s'opèrent qu'aux dépens de la santé publique.

Il est une autre altération de la farine sur laquelle le peuple des campagnes ne veille pas assez vigilamment : c'est celle qui résulte du mélange du seigle avec l'ergot, vulgairement appelé *dent-de-loup,* substance extrêmement nuisible, lorsqu'elle entre dans une certaine proportion dans la confection du pain. L'on a vu des convulsions ou des gangrènes des membres résulter de l'usage du seigle ainsi altéré ; pour ma part, j'ai vu des membres entiers tomber en gangrène et nécessiter la mutilation d'un individu qui avait fait usage d'un pain violacé, où l'ergot entrait pour un cinquième. Tous les gens de la campagne connaissent cette production cornue qu'on appelle *ergot ;* tous savent qu'il est très-abondant dans les années humides; c'est à eux à mettre plus de soin à la séparer du seigle, lorsqu'ils émondent cette céréale, afin de ne pas s'exposer aux maladies graves et souvent mortelles qui peuvent résulter de leur négligence.

Le blé et le maïs peuvent aussi quelquefois être altérés par l'ergot, mais cela leur arrive plus rarement qu'au seigle. L'ivraie ou *dornale* est également nuisible; on doit la séparer soigneusement du bon grain que l'on destine soit à la fabrication du pain, soit à celle de la bière.

Le pain le plus savoureux et le plus sain est celui qui est composé de deux tiers de farine de froment ou d'épeautre et d'un tiers de farine de seigle. Le pain, pour être nourrisssant et de facile digestion, doit être bien levé et surtout bien cuit ; la forme allongée convient mieux au pain que la forme ronde et renflée, parce que celle-ci lui fait recéler une plus grande quantité d'eau qui en augmente le poids et nuit à sa qualité.

Le pain chaud est un aliment indigeste et dangereux ; le pain trop vieux perd de ses qualités nutritives ; dans les ménages, il est bon de ne cuire du pain que pour 5 ou 6 jours. Il faut conserver le pain dans un endroit sec et éviter soigneusement qu'il ne moisisse, car, ainsi altéré, il peut déterminer un véritable empoisonnement, surtout chez les enfants. Ainsi l'on a vu le pain moisi causer des transports sanguins vers la tête, des coliques violentes, des vomissements, de l'assoupissement et quelquefois des convulsions. Il est donc très-imprudent de suivre la coutume assez répandue dans beaucoup de ménages de la campagne, qui cuisent du pain pour 15 jours, et qui le placent dans des caves ou dans d'autres endroits dont l'humidité favorise la moisissure ; en cela, d'ailleurs, il n'y a aucune économie, car au bout d'un pareil temps le pain a perdu considérablement de sa valeur nutritive.

§ VII. — *Des graisses, du beurre, du fromage, des poissons, des champignons, etc.*

Le lard et les graisses, qui sont d'un usage si fréquent dans les cuisines bourgeoises, peuvent rancir et devenir par là nuisibles à la santé. Quand une graisse est rance, on ne doit s'en servir qu'après avoir fait disparaître cette altération ; pour cela, on la fait bouillir dans l'eau, on la laisse ensuite refroidir et se figer ; on ôte l'eau restante, puis on remet la graisse sur un feu doux, jusqu'à ce que l'eau soit complétement évaporée.

Notre spécialité ne nous permet pas d'exposer les moyens d'obtenir du bon lait ; cet objet est du ressort de l'hygiène des animaux domestiques ; mais quoique la bonté du lait soit une des conditions indispensables pour obtenir un bon beurre, ce résultat exige encore certaines précautions qui sont trop souvent négligées. Ainsi la laiterie et tout ce qui la concerne doivent être tenus dans un état de propreté parfaite ; la température ne doit y être ni trop basse ni trop élevée : 8 à 16 degrés de chaleur Réaumur sont les deux extrêmes de la température du lieu où le lait doit être conservé.

Jamais il ne faut attendre plus de dix-huit à vingt heures en été, ni plus de vingt-quatre à trente-six en hiver, pour écrémer, ou l'on expose la crème à prendre un mauvais goût et même à diminuer de quantité, car alors l'acide du petit-lait en détruit une partie. La crème bien séparée peut se conserver en bon état cinq à six jours. Au bout de ce temps, on doit la battre et la transformer en beurre. Celui-ci doit être lavé et pétri en plusieurs eaux jusqu'à ce qu'il ne contienne plus la moindre trace de petit-lait ; sans cette précaution, il pourrait devenir rance. Si l'on veut le conserver longtemps, on doit y mélanger du sel pulvérisé très-fin (environ un douzième de son poids).

Le bon beurre doit avoir une saveur douce et agréable, une odeur particulière qui ne soit ni acide ni rance ; il doit être d'un jaune doré en été, et d'un blanc jaunâtre en hiver. Si l'on soupçonne l'introduction de farine ou de toute autre substance étrangère dans le beurre, on peut s'en assurer en le faisant fondre doucement dans un vase plus haut que large, et en transvasant lentement le beurre fondu ; s'il contient des substances étrangères, on les retrouvera au fond du vase.

On ne doit jamais manger du *fromage altéré* par la fermentation ou la moisissure, c'est un aliment malsain et qui provoque parfois des symptômes d'empoisonnement. Les mêmes accidents peuvent résulter de l'usage d'*œufs gâtés ;* il existe d'ailleurs un moyen très-simple de mettre ces derniers à l'abri de toute altération, c'est de les conserver dans un pot de grès, recouverts entièrement par de l'eau de chaux.

Le *poisson,* quoique moins nutritif que la viande, est cependant une substance alimentaire saine et de facile digestion ; mais il faut se défier, dans le commerce, de son état de conservation. Pour être de bonne qualité, le poisson doit être ferme, n'exhaler aucune odeur désagréable, présenter des nageoires rosées, une chair blanche ou rosée. A l'aide de certains moyens, on peut enlever la mauvaise odeur du poisson gâté, mais on reconnaîtra toujours ce dernier à la perte de sa consistance et de sa couleur naturelle.

Les œufs de certains poissons, et spécialement ceux du brochet, peuvent occasionner des nausées, des éruptions à la face, du malaise, etc.; mais de tous les poissons, ce sont les moules dont l'usage offre le plus de danger, car il peut déterminer des convulsions et tous les symptômes ordinaires des empoisonnements. On n'a pas encore trouvé le moyen de reconnaître les qualités vénéneuses de certaines moules; tout ce qu'on sait, c'est qu'il est prudent de n'en manger qu'en automne, en hiver et au commencement du printemps.

Les *champignons* sont des aliments assez nutritifs, mais leur usage donne lieu à des accidents assez fréquents, parce qu'il est bien difficile, pour ne pas dire impossible, de donner les caractères précis et facilement reconnaissables à l'aide desquels les personnes non versées dans la botanique peuvent distinguer avec certitude les espèces comestibles des espèces vénéneuses. Il faut recourir à des livres spéciaux pour avoir la description détaillée de chaque espèce de champignons comestibles; ces dernières sont assez nombreuses, mais comme beaucoup d'entre elles peuvent être facilement confondues avec les champignons vénéneux, j'imiterai la réserve de presque tous les écrivains hygiénistes, qui se bornent à conseiller de ne manger que le champignon de couche, appelé dans certains pays *mousseron, boule de neige, boulet, champignon champêtre, champignon de fumier, de bruyère, des prés, pâturons, pratelle, potiron,* etc., et la *morille (phallus esculentus),* aussi appelée *spongignole, spongiole, morchelen.*

Il est même prudent de rejeter tous les champignons, à quelque espèce qu'ils appartiennent, dès qu'ils se flétrissent et se décomposent, dès qu'ils prennent une teinte bleuâtre lorsqu'on les case à l'air libre. Dans tous les cas, il faut toujours enlever, à ceux que l'on veut manger, le pédicule, les feuillets et l'enveloppe qui leur sert de tube ; on doit les accommoder et les manger immédiatement, car ils deviendraient mauvais si l'on tentait de les conserver plusieurs jours. Les champignons sont des aliments de digestion difficile, qui ne conviennent pas à tous les estomacs, et qu'il est prudent de ne manger qu'en petite quantité et plutôt à midi qu'au soir.

Les bonbons et les sucreries coloriés doivent être rejetés, car il arrive qu'on leur donne la coloration à l'aide de substances vénéneuses. Du reste, ils constituent, avec les pâtisseries, des aliments malsains et superflus qu'on doit toujours bannir de sa table.

§ VIII. — *Quantité proportionnelle de la matière nutritive des aliments. — Ustensiles de cuisine, etc.*

Tout aliment, pour être facilement digéré, doit être bien mâché, mêlé à la salive et délayé dans l'estomac au moyen des boissons. Quand il a subi cette élaboration, il cède sa partie nutritive à des vaisseaux qui l'absorbent et la portent dans le torrent circulatoire pour refaire notre sang et nourrir notre corps; mais les substances alimentaires diffèrent entre elles par la quantité de matière nutritive qu'elles contiennent; ainsi :

1,000 parties de pain de froment contiennent 250 parties d'eau,
»   de viande musculaire   »   700   »
»   de pomme de terre   »   750   »
»   de carotte et de navet   »   900   »

On voit, par ces exemples, combien ces substances diffèrent sous le rapport de leurs proportions aqueuses; la proportion de leurs principes azotés et fortifiants et d'autres conditions également importantes sont aussi très-variables; c'est pourquoi la nourriture ne doit pas être uniforme et toujours la même.

Il faut que tout ce qui sert à la préparation des aliments, que tous les ustensiles de cuisine soient tenus dans un état de propreté parfaite. Les vases de cuivre, dont l'étamage n'est pas complétement irréprochable, ne doivent jamais être employés, sous peine des plus graves accidents. Les vases de fer ou de terre vernissée sont les plus économiques et les plus salubres,

SECTION II.

DES BOISSONS.

§ I. — *De l'utilité des boissons pour étancher la soif et activer la digestion.*

Certaines boissons, telles que la bière, le vin, les infusions mucilagineuses, sont nutritives, mais ne peuvent servir exclusivement d'alimentation qu'autant que le corps, à cause de son état de faiblesse ou d'inaction, n'exigerait qu'une nourriture très-légère. Dans tout autre cas, vouloir se nourrir presque entièrement de liquides, c'est bouleverser les lois de la nature et s'exposer à altérer gravement sa santé.

Les boissons doivent être principalement prises pour étancher la soif ou pour activer la digestion des aliments solides. Celles qui remplissent le mieux le premier but sont les liquides rendus un peu acides à l'aide du vinaigre, du jus de pomme, du jus de citron, d'orange ou de groseille ; l'eau mêlée à très-peu de vin ou d'eau-de-vie est aussi une bonne boisson rafraîchissante ; l'eau chaude apaise mieux la soif que l'eau tiède ; mais l'eau fraîche désaltère mieux encore ; l'eau très-froide est dangereuse et souvent mortelle pour ceux qui l'avalent subitement étant en sueur. Dans tous les cas, boire à petits coups est toujours le meilleur moyen d'étancher la soif, quelque ardente qu'elle soit.

Les boissons favorisent la digestion, en agissant

sur l'estomac et en aidant la dissolution des aliments. C'est une très-mauvaise habitude de manger sans boire ; elle amène presque toujours des dérangements de digestion. Plus l'appétit est grand, plus on mange, plus on doit boire non pas à grands coups, mais à petites gorgées, et non après, mais pendant le repas, car se gorger l'estomac de boissons après avoir copieusement mangé, c'est troubler la digestion et s'exposer à énerver l'organe qui fonctionne. L'eau pure ou légèrement mélangée est la meilleure des boissons pour remplir les deux buts que nous venons d'indiquer. La bière légère, dite de ménage, est aussi une boisson très-saine dont on peut faire un usage journalier.

La meilleure eau est l'eau de source bien claire, sans odeur ni mauvais goût ; l'eau qui coule sur le sable ou sur les cailloux est également bonne, mais celle qu'on puiserait dans des citernes mal aérées, dans des étangs, des marais ou des mares, ne convient ni à l'homme ni aux animaux, elle n'est propre qu'à engendrer des maladies. L'eau provenant de la fonte de la glace ou des neiges est aussi dangereuse pour la santé ; certaines eaux qui ne dissolvent qu'imparfaitement le savon, et dans lesquelles les légumes ne cuisent pas bien, ne sont pas salubres ; il vaut infiniment mieux faire un léger sacrifice pour se procurer une eau saine, que de faire usage d'eaux qui d'abord semblent ne pas nuire, mais qui peu à peu altèrent la constitution, engendrent des caries, des scrofules, des goîtres et une foule d'autres accidents dont le plus communément on ignore la véritable cause. Je ne saurais trop attirer la sollicitude des autorités communales sur l'entretien et la propreté des fontaines, pompes, puits et réservoirs, qui servent à fournir les villages d'eau potable. Très-souvent, à la campagne, on néglige bien des précautions à cet égard ; on permet aux animaux d'aller boire à la fontaine où les gens vont chercher leur eau, et parfois ces animaux sont malades et peuvent communiquer à l'eau des principes nuisibles. On autorise le puisement à l'aide de seaux qui ne sont pas toujours propres, et ainsi par une foule de causes, telles que l'infiltration des eaux pluviales, des purins, etc., on laisse altérer un de nos aliments les plus nécessaires et dont la pureté est si importante. Il est à désirer que toutes les fontaines soient bien murées et couvertes, qu'un réservoir spécial soit destiné aux animaux, qu'enfin des pompes en nombre suffisant servent à distribuer l'eau potable dans les diverses parties des localités populeuses.

§ II. — *Des boissons nutritives et excitantes. Fabrication des piquettes de fruit.*

Certaines boissons sont plutôt nourrissantes et excitantes que rafraîchissantes. Ainsi la *bière forte,* le *cidre* apaisent la faim ; quand on en boit beaucoup, on perd l'appétit ; quand on en prend avec excès, on tombe dans l'ivrognerie et dans toutes ses suites pernicieuses.

Le *lait* est un liquide nourrissant et un bon aliment pour ceux qui le digèrent bien ; mais il n'en faut pas faire sa nourriture exclusive comme certains parents croient devoir le faire pour leurs enfants. L'abus du laitage amollit le corps et prédispose aux affections vermineuses et scrofuleuses.

Le *café*, pris trop fort ou en trop grande quantité, excite les nerfs, dérange l'estomac et fait perdre le sommeil; pris léger, tiède, en petite quantité et rarement, il constitue une bonne boisson qui rafratchit, et qui semble délasser les ouvriers travaillant vers le milieu du jour sous l'influence d'une grande chaleur. Mais je redirai que c'est un immense abus, une coutume bien mauvaise et peu économique, que de faire du café la base de la nourriture d'un ménage.

Le *thé*, les infusions chaudes de diverses plantes, doivent être pris avec modération; rien n'est plus nuisible à l'estomac que son inondation continuelle par des flots d'eau chaude qui finissent par l'affaiblir et le rendre inapte à remplir ses fonctions. Je signalerai aussi comme une pratique bien peu sensée celle de récolter pêle-mêle une foule de fleurs, d'herbes et de racines de toutes les espèces, de les réunir malgré leurs propriétés souvent contradictoires, et d'en faire des tisanes qu'on croit bonnes pour prévenir ou guérir tous les maux. Presque toujours une seule plante suffit pour faire une tisane convenable : le tout est de bien choisir celle qui convient aux dispositions de l'individu auquel on la destine.

Souvent les habitants des campagnes pourraient se procurer à peu près sans frais des boissons rafratchissantes et légèrement excitantes, en se donnant la peine d'utiliser une quantité considérable de fruits sauvages qui croissent tout autour d'eux, et dont on ne tire souvent aucun profit. Ainsi les fruits du groseillier épineux, les baies de sureau, les myrtilles, les

mûres de buisson, les prunelles, les cormes, les
sorbes, les cornouilles, broyés et pressés, fournissent un jus qui, cuit dans l'eau ou fermenté avec
addition soit de miel, soit de jus de pomme, soit de
sirop de fécule, peut fournir des piquettes très-
agréables et très-convenables pour les ouvriers agricoles qui ne peuvent se procurer d'autres boissons
nutritives.

Les cerises, les groseilles rouges, les prunes sont
surtout propres à la fabrication de ces boissons
vineuses. Bien des personnes, dans certains dépar-
tements français, les fabriquent par un procédé très-
simple : On écrase les fruits dans un baquet avec un
pilon à long manche, on remplit ensuite un tonneau
aux trois quarts avec cette pulpe pilée et on ajoute
de l'eau jusqu'à la bonde ; on bouche légèrement ;
bientôt la fermentation s'établit, et au bout de huit
à dix jours, lorsque le gaz ne s'échappe plus, on
commence à tirer par le robinet, placé près de la
partie basse du tonneau, de la boisson pour l'usage
journalier, en ayant soin de remplacer le liquide sou-
tiré par une même quantité d'eau versée par la bonde,
et cela jusqu'à ce que la liqueur commence à perdre
de son goût, alors on soutire sans remplir.

Les auteurs de *la Nouvelle Maison rustique*, en
donnant, pour cette fabrication, un procédé plus
perfectionné auquel nous devons renvoyer le lecteur,
s'exprimaient ainsi : « C'est aux classes agricoles et
« ouvrières que nous allons nous adresser, dans le
« but de leur procurer une boisson économique et
« salubre qui puisse remplacer, jusqu'à un certain
« point, le vin dont elles sont forcées de se priver.

« C'est d'après ce motif que nous allons enseigner
« au laboureur et à l'ouvrier à préparer des bois-
« sons spiritueuses qui répandront dans le sein du
« ménage la santé, la gaieté et par suite le bien-
« être, etc. » (Tome III, page 274.)

Nous ne parlons pas du vin, parce que nous écrivons
principalement pour les classes laborieuses des campagnes belges. Les excès dans son usage rentrent d'ailleurs dans la catégorie des abus des alcooliques. Nous
dirons seulement que c'est un préjugé parfois très-
funeste de croire que le vin fortifiera une personne
malingre, faible, atteinte d'une maladie grave ou prête
à en contracter une. La faiblesse tient souvent à une
inflammation que le vin exaspérera, et partant la faiblesse sera augmentée. Il ne faut en donner aux
personnes malingres qu'avec le conseil du médecin.

Les boissons alcooliques, telles que le genièvre,
l'eau-de-vie, le rhum, etc., sont souvent plus dangereuses qu'utiles, parce que rarement on les prend
avec mesure en temps et lieux convenables. Un verre
ou deux de genièvre ou d'eau-de-vie, pris dans les
temps froids et humides par de pauvres ouvriers
qui n'ont qu'une nourriture insuffisante et trop peu
excitante, sont loin d'être nuisibles quand on ne les
prend pas à jeun ; mais malheureusement on commence par en prendre un verre, puis deux, puis trois,
puis six ; l'estomac s'habitue à cette excitation, et veut
de plus en plus être excité ; de là vient qu'on tombe
dans l'ivrognerie, la paresse, l'abrutissement et le
crime. L'ouvrier ivrogne boit, le dimanche et souvent le lundi, tout l'argent nécessaire pour donner à
sa famille une nourriture suffisante pendant la se-

maine ; sobre et prévoyant, il pourrait avec son gain avoir un peu de viande pour améliorer le régime du ménage, un peu de bière qu'il partagerait avec ses enfants ; il pourrait probablement, en été, économiser une partie de son salaire pour les mauvais jours que l'hiver ou les maladies amènent. Mais dès qu'il est adonné aux excès de boissons, il ne connaît plus de prévoyance, et sacrifie tout pour satisfaire sa passion pendant un jour ou deux ; il voit la misère et le besoin chez lui, et il court au cabaret boire le pain de ses enfants ; il était bon, doux, rangé, il devient brutal, querelleur, débauché, méchant envers sa femme, ses enfants et ses amis ; il aimait le travail, il était intelligent, il devient paresseux et grossier ; il était honnête homme, il devient voleur et parfois meurtrier. Telles sont les conséquences fréquentes de l'ivrognerie. Aussi rien n'inspire plus de dégoût qu'un ivrogne ; l'homme ivre est ravalé en dessous de la brute, car il a perdu la raison qui le rendait supérieur aux animaux, et il n'a pas comme eux l'instinct de la conservation.

Chaque fois qu'un instituteur en aura l'occasion, il fera comprendre à ses élèves combien il est dangereux de faire usage des liqueurs fortes, combien il est facile d'en prendre la funeste habitude, et quelles tristes conséquences cette dernière amène toujours à sa suite. Il ne saurait les prémunir trop contre la passion de l'ivrognerie. Celle-ci ne sied à personne, mais c'est surtout à l'homme des champs qu'elle amène des malheurs irréparables. En effet, sa vie à lui est un travail de tous les instants ; s'il perd son temps aujourd'hui, demain il sera trop tard pour travailler :

s'il ne cultive pas en temps convenable, il ne pourra semer ; s'il ne sème pas bien, il ne récoltera pas ; tous ses instants sont comptés ; il n'a pas une heure à perdre au cabaret ; et le jour du repos, ce n'est pas par la débauche ni les excès qu'il réparera ses forces, c'est dans la vie de famille qu'il doit chercher le repos et le bonheur. Aussi le sage Bugeaud dit dans ses proverbes agricoles : « Donner une ferme à un « ivrogne, c'est confier sa bourse à un voleur, il se « ruinera et ruinera la terre. — Le chemin du cabaret « est le chemin de l'hôpital. — Le fainéant et le joueur, « l'ivrogne et le mauvais cultivateur sont bêtes de « même valeur. »

Qu'on répète sans cesse ces vérités aux enfants, qu'on leur inspire l'horreur de l'ivrognerie, ce sera leur rendre un immense service et pour leur vie morale et pour leur vie matérielle, car l'ivrognerie et les mauvaises mœurs, qui en sont souvent les compagnes, font oublier les préceptes les plus sacrés et causent presque tous les malheurs des familles.

SECTION III.

DES PLANTES ET DES FRUITS DANGEREUX.

§ I.

Tous les végétaux ne sont pas destinés à la nourriture des hommes et des animaux. Une foule de plantes ont une destination toute différente. et des propriétés tout à fait opposées à celles des plantes

nutritives. Prises à doses très-petites, et proportion-
nées aux forces et à l'état des individus malades,
beaucoup de plantes qu'on appelle médicinales ont
sur le corps des propriétés bienfaisantes; mais il en
est qui, incorporées hors de propos, et en quantité
assez considérable, tueraient presque immédiatement
l'imprudent qui en aurait usé. Des malheurs de ce
genre arrivent assez souvent aux enfants qui, guidés
dans leurs promenades par des bonnes ou des maîtres ignorants, mangent certaines baies vénéneuses
qu'ils prennent pour des fruits, et qui déterminent
bientôt des accidents parfois mortels. J'ai donc cru
prudent de décrire brièvement les plantes et les
fruits vénéneux qu'on rencontre le plus communément sur notre sol. Le peu de mots que j'en dirai,
suffira, j'espère, pour les faire reconnaître par les
personnes attentives, et pour les mettre à même
d'éviter les accidents auxquels elles pourraient donner lieu (1).

1° On trouve souvent, dans les prairies, des feuilles
lancéolées, luisantes, réunies en bas par une gaine, et
formant une touffe qui dépasse les autres herbes à la
sortie de l'hiver; en septembre, cette plante porte
une fleur formant un calice découpé, une corolle en
rose violacé, c'est le COLCHIQUE D'AUTOMNE. Sa graine
et sa racine sont vénéneuses. (Colchicacées.)

2° Dans les bois et les terrains incultes on ren-

______

(1) J'ai cherché autant que possible, dans ces descriptions, à éviter
les termes techniques, et à employer les expressions les plus vulgaires,
de manière à être compris des personnes qui n'ont pas étudié la botanique. Du reste j'indiquerai toujours la classe à laquelle chaque plante
appartient d'après les systèmes scientifiques.

contre, en juin et en juillet, une belle plante offrant une tige garnie de fleurs rouges en forme de dé, et dont les feuilles ont des propriétés vénéneuses très-prononcées; c'est la DIGITALE POURPRÉE, plante fort commune en Belgique où l'on rencontre moins communément la *digitale blanche,* qui est aussi vénéneuse. (Scrofulariées.)

5° Le LAURIER GENTIL OU SAINBOIS (*daphne mezercum*), connu plus vulgairement sous le nom de GAROU, est souvent employé en écorce pour l'entretien des cautères; mais sa fleur rose, qui a l'odeur de la jacinthe, donne des étourdissements et du mal de tête; il serait aussi très-dangereux de manger les petits fruits rouges de cet arbuste, qui croît ordinairement dans les lieux secs et dans les bois. (Protéacées.)

4° Le GOUET (*arum maculatum*), plante vivace qui se rencontre dans les bois ombragés et humides, et que, dans la plupart des localités wallonnes, on appelle *clau diet,* porte aussi de petits fruits rouges, groupés en forme de grappes verticales, qui sont vénéneux. (Aroïdes.)

5° Les JUSQUIAMES noires, blanches et jaunes, contiennent dans toutes leurs parties un poison très-violent; la *noire* est la plus commune; on la trouve dans les cimetières et dans les lieux incultes; la couleur de la plante est d'un vert terne, son odeur est fétide et soulève le cœur; en la mâchant, on ressent une saveur d'abord douce, puis âcre; la tige est rameuse, velue, haute de 1 à 2 pieds; les feuilles sont grandes, ovales, velues, découpées sur les bords; les fleurs sont jaunes et striées de rouge vineux, elles ont la forme d'un dé un peu évasé qui offre, dans le fond, des pistils à poussière noirâtre ; ces fleurs sont comme réunies en bouquets, leur graine est tuberculeuse. (Solanées.)

6° La POMME ÉPINEUSE (*datura stramonium*), plante annuelle qui croît spontanément dans les lieux incultes et même dans certains jardins, fleurit en juin, a une odeur rebutante, vireuse, une saveur âcre et amère. Sa tige est herbacée, rameuse, haute de 1 à 3 pieds ; ses feuilles sont grandes, ovales, découpées et sinuées sur les bords ; sa fleur est constituée par un long calice vert d'où sort une cloche blanche allongée et découpée en cinq angles à son sommet. Le fruit, qu'on nomme pomme, est vert, de la grosseur d'un œuf de poule ; il est tout hérissé de pointes et contient des graines brunâtres. Toutes les parties de cette plante sont vénéneuses. (Solanées.)

7° La BELLADONE (*atropa belladona*), plante vivace, qui croît dans les lieux sombres, sur les rocailles ou le long des vieux murs et des décombres, et qui fleurit du mois de juin au mois d'août, présente dans toutes ses parties une odeur vireuse, une saveur âcre et nauséabonde et des propriétés vénéneuses très-prononcées. Sa tige est herbacée, dressée, rameuse, ronde, velue, et haute de 2 à 3 pieds ; ses feuilles sont grandes, ovales, pointues, d'un vert foncé, sans découpures sur les bords. Sa fleur a la forme d'un dé, découpé au sommet et enveloppé à sa base par un calice vert à cinq divisions ; elle a une couleur rouge terne ; elle est pendante. Ses fruits, gros et arrondis comme des cerises, sont d'abord verts,

14.

puis rouges et ensuite presque noirs. Un grand nombre d'enfants sont morts après en avoir mangé. (Solanées.)

8° La PARISETTE (*Paris quadrifolia*), que l'on appelle aussi vulgairement *étrangle-loup, herbe à Paris, morelle à quatre feuilles, raisin de renard*, plante vivace, porte aussi un fruit vert, assez semblable à celui de la belladone et qui est également vénéneux, ainsi que sa racine. (Asparaginées.)

9° L'IF (*taxus baccata*), arbrisseau assez commun dans les bois de sapin, et que tout le monde reconnaît sans peine, porte des feuilles vénéneuses et des fruits rouges et ronds qu'on appelle *morviaux*, et qui sont capables de déterminer l'empoisonnement. Il est des personnes qui plantent l'if comme arbre d'agrément dans les parcs ou qui le font servir de clôture, c'est qu'elles ignorent complétement qu'elles mettent ainsi à la portée de leurs enfants des fruits bien dangereux. (Conifères.)

10° C'est ainsi qu'on ignore généralement que le FAUX ÉBÉNIER (*cytisus laburnum*) est vénéneux dans toutes ses parties, et qu'on le rencontre, à chaque pas, dans les bosquets. Récemment encore dans un village français, on a eu à déplorer deux empoisonnements causés par les fleurs de cet arbuste. (Légumineuses.)

11° On rencontre aussi souvent dans les jardins l'ACONIT (*aconitum napellus*), cultivé comme plante d'agrément, quoiqu'il recèle dans toutes ses parties un poison très-énergique. C'est une plante vivace qui fleurit au mois de juin, dont les feuilles sont incisées en lanières étroites ; ses fleurs sont d'un bleu foncé et garnissent en assez grand nombre l'extrémité d'une tige herbacée qui, simple et dressée, s'élève de 2 à 4 pieds de hauteur. On le connaît assez généralement sous le nom d'*aconit*, et la simple inspection de sa figure suffira pour le faire reconnaître. (Renonculacées.)

- 12° J'en dirai autant du LAURIER-ROSE (*laurifolium*), qu'en Belgique on cultive en pots, qu'on place dans les salles à manger et dans les orangeries, et toujours à la portée des enfants ; pourtant toute cette plante est vénéneuse. (Apocynées.)

13° La GRANDE CIGUË (*cicuta major, conium maculatum*) est une plante vénéneuse qu'on rencontre assez communément en Belgique dans les lieux bas et humides, et que les campagnards appellent quelquefois persil sauvage. Sa tige est herbacée, rameuse, marquée de taches noirâtres, et haute de 3 à 5 pieds ; ses feuilles sont très-grandes et profondément découpées ; ses fleurs paraissent en juin et en juillet ; elles sont petites, blanches, et disposées au sommet de la tige et des branches en ombelles. Quand on froisse cette plante fraîche entre les doigts, elle exhale une odeur vireuse qui se rapproche de celle de l'urine de chat ; mâchée, elle fournit une saveur âcre et nauséabonde. (Ombellifères.)

14° L'ELLÉBORE (*helleborus*) est un poison violent qu'on rencontre fréquemment en Belgique sur les montagnes rocailleuses et qui fleurit au mois de décembre. On en trouve de trois espèces : le vert, le noir, le fétide ; il est assez connu des habitants des campagnes, qui en emploient fréquemment la racine pour entretenir les sétons des chevaux. (Renonculacées.)

15° Le NERPRUN (*rhamnus catharticus*), *épine de cerf, raisin de chèvre*, etc., est un arbuste assez commun dans les bois ; il est haut de 4 à 10 pieds, offre des feuilles d'un vert clair, ayant la forme d'un cœur ovale ; ses fleurs sont petites et verdâtres ; il porte des baies d'un noir luisant lorsqu'elles sont mûres, et marquées d'un point brillant au centre. Ces baies contiennent une matière verdâtre, ont une saveur amère, désagréable, et une odeur nauséabonde. Mangées en quantité suffisante, elles déterminent des superpurgations et parfois des accidents mortels. (Rhamnoïdes.)

16° On sait que les enfants aiment à ramasser les *noyaux de pêche*, à les casser et à en extraire les amandes ; l'ingestion d'une certaine quantité de ces dernières peut entraîner l'empoisonnement.

17° La BRYONE (*bryonia alba*) *couleuvrée, gros navet, navet du diable, racine vierge*, plante vivace qui croît dans les haies et les lieux incultes, présente une tige herbacée, grimpante, rameuse, longue de 6 à 10 pieds, des feuilles échancrées en cœur et divisées en cinq parties, des fleurs dioïques, et des baies pisiformes rougeâtres, contenant trois à six graines ; le suc de sa racine est vénéneux. (Cucurbitacées.)

18° et 19° La SABINE (*juniperus sabina*), *conifères*, et la RUE (*ruta gravé olens*), sont des plantes que l'on connaît souvent trop bien à la campagne, parce qu'on en fait un usage abusif et quelquefois criminel. Dans aucun cas, on ne doit les employer que sur l'ordonnance d'un médecin, sous peine de s'exposer aux plus graves accidents. (Rutacées.)

20° Enfin tout le monde sait que le *tabac*, soit en plante fraîche ou séchée, soit en poudre, est un poison violent lorsqu'il est incorporé même à faibles doses. Il faut se garder de l'employer comme remède soit en lavement ou autrement, sans qu'il ait été dosé et prescrit par un médecin. (Solanées.)

§ II.—*Conduite à tenir dans les empoisonnements par les végétaux.*

Une foule d'autres plantes plus ou moins vénéneuses se rencontrent dans notre pays, mais on comprendra facilement que le cadre de ce manuel ne me permet pas de les décrire ni même de les nommer toutes. Du reste, il faut adopter une règle générale à l'égard des enfants, c'est de leur recommander de ne manger jamais ni feuilles, ni fleurs, ni fruits, ni racines qu'ils rencontrent dans les bois et les champs, sans les avoir préalablement montrés soit à leurs parents, soit à l'instituteur, et ces derniers défendront d'incorporer tout ce qu'ils ne reconnaissent pas comme fruits alimentaires ou plantes potagères. Si, malgré ces avis, il arrivait que, dans une promenade, un enfant se trouvât tout à coup indisposé, pris de vomissements, de défaillance, de convulsions, ou frappé d'une espèce de léthargie, il faudrait à l'instant même chercher à le faire vomir, en lui chatouillant la luette avec les barbes d'une plume ou tout autre objet analogue, tâcher de s'assurer, par le témoignage de ses camarades ou par celui du patient, de la cause qui a amené ces accidents, et de l'espèce de plante ou de fruit qui a été incorporée; il faudrait

aussitôt se munir d'un échantillon de l'agent vénéneux, reporter l'enfant chez lui et déclarer franche-
ment toutes les circonstances du fait. En attendant
l'arrivée du médecin, on devrait continuer à provoquer les vomissements, donner du café fort et en
passer un lavement, puis exécuter ponctuellement le
traitement qui serait prescrit par l'homme de l'art.
Seul, il peut indiquer les moyens spéciaux, car tous
les poisons ne déterminent pas les mêmes effets et ne
doivent pas être traités de la même manière.

CHAPITRE VI.

De l'influence du moral sur la santé.

* * *

§ I. Des passions. — Des moyens de les prévenir ou de pallier leurs
effets. — De la colère. — De la peur. — Des passions secrètes chez
les enfants. — De l'orgueil et de l'ambition. — De l'envie et de la
jalousie. — De l'avarice. — § II. Influence de l'instruction. — Nécessité d'une bonne éducation professionnelle pour l'agriculteur. —
Dangers des études précoces. — Précautions à prendre pour sauvegarder la santé pendant les études. — Nécessité de suspendre ou de
ralentir les études dans certains cas.

§ I.

Le moral a sur le physique une influence que l'on
ne peut révoquer en doute. Aussi la tranquillité de
l'âme est-elle une des conditions les plus nécessaires
à la conservation de la santé. Les passions, les inquiétudes vives et prolongées, ou le travail intellec-
tuel trop soutenu altèrent singulièrement le jeu de
tous nos organes et sont la source de beaucoup plus
de maladies qu'on ne le croit vulgairement. C'est

pour cela qu'un médecin distingué (1) disait qu'on trouvait à peine une seule maladie sur laquelle une passion de l'âme n'eût agi comme cause, comme excitant ou comme remède.

Généralement les campagnards ont moins à redouter que les citadins l'effet funeste des passions. Occupés de travaux qui fortifient le corps, vivant loin des intrigues et des rivalités politiques, ils peuvent plus facilement éviter les grands troubles de l'âme. Cependant le médecin qui pénètre dans l'intérieur des familles, et qui recherche d'un œil scrutateur les causes des douleurs qu'il est appelé à soulager, reconnaît tous les jours, à la campagne comme à la ville, l'influence des chagrins et des troubles moraux sur les maladies de ses clients. Seulement, chez les campagnards, les passions sont moins expansives : elles ont presque toujours leur source dans la famille plutôt que dans les événements extérieurs ; elles sont par cela même plus faciles à prévenir ou à amortir, parce qu'elles ne proviennent pas de faits indépendants de la volonté des individus. Ainsi une éducation prudemment dirigée, des principes religieux solides et éclairés, des habitudes salutaires contractées dès la jeunesse auront, à coup sûr, une influence efficace et durable sur la santé et l'avenir des individus vivant à la campagne.

La condition première d'une éducation dirigée vers ce but, c'est l'habitude de l'obéissance ; c'est là la base du bonheur des hommes et le fondement le plus solide de la société. L'enfant qui grandit sous le joug

(1) Mœringhen, *De animi pathemat.*, 1763.

de l'obéissance suit religieusement les conseils des personnes chargées de l'instruire et de le moraliser, acquiert des qualités durables et apprend de bonne heure à éviter les excès nuisibles. Plus tard, la souplesse de son caractère lui donne la résignation nécessaire pour supporter sans trouble les maux ordinaires de la vie. L'espérance d'une vie meilleure lui fait trouver des consolations dans les circonstances où d'autres trouvent des sources de chagrin et de désespoir. Enfin, cette salutaire habitude en fait tout naturellement un citoyen soumis aux lois de son pays, et c'est pour cela qu'elle est, à nos yeux, le principe de la sagesse populaire et des vertus d'une nation. En effet, tout peuple qui ne sait pas obéir aux lois qu'il se donne par ses mandataires est indigne de la liberté, prouve qu'il ne la comprend pas, et se précipite lui-même dans l'anarchie et la servitude. Écoutons le docteur Descuret (1) parlant de la France en 1844 : « Qui saurait, s'écrie ce médecin distingué,
« prévoir l'avenir de notre société sous de pareils
« instituteurs? Puissent nos gouvernants s'apercevoir
« enfin du gouffre effrayant ouvert sous nos pas, et,
« par un sage système d'éducation publique, prépa-
« rer la régénération sociale dont tous les bons esprits
« sentent l'indispensable nécessité ! En attendant,
« tant qu'on se bornera à développer une partie
« du corps au détriment des autres ; tant qu'on
« exercera la mémoire et l'imagination sans former
« le jugement ; tant qu'on négligera de cultiver les
« sentiments éminemment conservateurs d'obéis-

______

(1) *Médecine des passions,* excellent ouvrage où j'ai puisé plusieurs indications.

« sance, de justice, de bienveillance, de vénération ;
« enfin, tant que l'éducation n'embrassera pas tout
« l'homme, c'est-à-dire chacun de ses besoins ani-
« maux, sociaux, intellectuels, et qu'elle n'aura pas
« pour base la religion, seule sanction de la morale,
« on verra toujours, en dépit de la civilisation, les
« passions instinctives ou brutales dominer chez les
« masses, et une ambition égoïste régner parmi les
« esprits turbulents qui aspirent à les diriger ! »

L'obéissance que nous prêchons n'empêche pas le respect qu'on se doit à soi-même; elle ne doit en-gendrer ni le servilisme, ni la bassesse. Aussi les moyens de l'obtenir doivent-ils être choisis avec dis-cernement et prudence par les parents et par les insti-tuteurs. Je sortirais complétement de la spécialité de ce manuel, si j'entrais dans l'exposition des moyens à employer. Je dois laisser ce soin aux pédagogues et aux moralistes, et ne m'occuper que des punitions corporelles ; ces dernières doivent être bannies de l'éducation, dans les familles comme dans les écoles. Qu'on se garde bien de frapper les enfants et de leur infliger des châtiments qui les dégraderaient à leurs propres yeux. Les cultivateurs savent très-bien que ce n'est pas en frappant les animaux qu'on prévient leurs vices et qu'on en obtient de meilleurs services. Pourquoi faut-il qu'il se trouve des parents qui trai-tent leurs enfants comme ils ne voudraient pas voir traiter leurs bœufs par des domestiques?

Examinons maintenant chaque passion en particu-lier, et voyons, outre le moyen principal que je viens d'indiquer, quels sont ceux qui sont les plus propres à les prévenir ou à les amortir.

La colère, cette passion si commune et si nuisible à la santé, puisqu'elle peut déterminer la mort instantanée, serait bien moins fréquente dans le monde, si les parents reprenaient eux-mêmes leurs enfants avec sang-froid et douceur, et s'ils n'encourageaient de funestes penchants en accordant à l'impatience enfantine et à des cris violents des choses inutiles ou déraisonnables. Fortifier l'esprit et le corps, procurer un jugement sain et des membres robustes, c'est faire beaucoup pour prévenir l'irascibilité. Les personnes emportées ou violentes doivent éviter de surcharger leur esprit d'affaires et de nombreux détails, et de se livrer à des études trop sérieuses ; elles doivent surtout rechercher la société des personnes patientes, user d'aliments doux et non excitants, se priver de vin pur, de liqueurs, de café fort, et se livrer plus particulièrement aux travaux champêtres, à la chasse et à la natation. L'eau glacée est nuisible pendant un accès de colère ; une saignée est quelquefois nécessaire pour remédier à ses effets.

La peur peut déterminer des accidents très-graves chez les enfants et chez les adultes. On a vu souvent l'épilepsie, des convulsions et des congestions mortelles résulter d'une frayeur subite. Il faut donc se garder d'intimider les enfants en leur racontant des histoires de loups, de voleurs et de revenants, et au contraire chercher prudemment à les enhardir contre le bruit, l'obscurité, etc.

Une nourriture forte, les exercices gymnastiques, la natation, l'équitation, la chasse et de bonnes lectures sont très-utiles pour lutter contre la peur dans la jeunesse.

Pendant un accès de frayeur, on fera bien de faire prendre un peu d'eau fraîche par cuillerée, et de frictionner le visage et les membres avec un mélange d'eau-de-vie et de vinaigre. Après l'accès, on donnera un peu de vin ou mieux du thé de tilleul, de camomille ou de fleur d'oranger. La saignée ou d'autres moyens seront prescrits par le médecin, selon la nature des accidents qui pourraient suivre.

Nous sommes exposés, même dès l'enfance, à des *passions charnelles* qui dépravent le cœur, ruinent la santé, engendrent ou aggravent une foule de maladies qui peuvent se terminer par une affreuse consomption.

Déjà, dans le cours de ce manuel, j'ai indiqué plusieurs mesures propres à sauvegarder les mœurs des enfants; je dois encore citer les causes principales qui les portent vers ces passions secrètes et que l'on doit s'efforcer d'éloigner : l'oisiveté, la solitude, la mollesse et la chaleur du lit, l'habitude de mettre au lit les enfants avant qu'ils n'éprouvent le besoin de dormir et de les y laisser lorsqu'ils sont éveillés, un repas du soir trop copieux, des vers sortant de l'anus ou la seule malpropreté, la résistance au besoin d'uriner, des propos indécents proférés devant des enfants, la société de camarades pervertis, des bonnes ou des domestiques libertins, enfin un mouvement instinctif qui se produit à l'âge de 9 à 12 ans, sont les sources les plus fréquentes des habitudes secrètes dans l'enfance.

Trop souvent on se fait illusion sur les vices des enfants, et ce n'est que lorsqu'ils ont jeté de profondes racines qu'ils apparaissent dans toute leur laideur. Quand un enfant se laisse aller à celui dont je viens de parler, il maigrit malgré un appétit vorace, sa face pâlit, ses traits portent un cachet particulier de honte, de tristesse et de mélancolie, ses yeux se cernent et s'enfoncent dans leurs orbites, son caractère change, sa mémoire se perd, il devient comme hébété ; si on le questionne, il nie, mais son trouble le trahit ; fréquemment la nature elle-même le dévoile par la précocité de sa puberté et la gravité prématurée de sa voix ; et si une surveillance attentive est exercée sur lui dans les écoles et dans la maison paternelle, on ne tardera pas à acquérir une certitude matérielle de l'existence du vice.

Quand le mal en est là, il n'y a pas de temps à perdre, il faut en secret prévenir un médecin, qui, ayant l'air de deviner la source des changements opérés dans l'enfant ou dans le jeune homme, saura le frapper de terreur par des paroles propres à faire impression sur lui et prescrira une surveillance sévère et continuelle : les occupations de l'esprit, l'exercice du corps, les distractions, les voyages, l'éloignement des livres et des spectacles qui pourraient exciter des désirs vénériens, un régime doux, la privation complète des viandes fortes, du vin, du café et des liqueurs alcooliques, l'usage fréquent des bains d'eau courante et la natation, des bains de siége frais pris avant le repas et même la nuit, tels seraient les moyens qu'il faudrait mettre en usage ; on y joindrait avec avantage, si le vice était patent et avoué, des exhortations amicales et bienveillantes, où l'on chercherait à intéresser l'instinct de conservation et l'amour-propre ; s'il le fallait, on peindrait en termes énergiques les résultats funestes et les maux variés que l'enfant corrompu accumule sur sa tête ; enfin les sentiments religieux et les exhortations du prêtre en qui l'enfant aurait placé sa confiance seraient des ressources précieuses et qui manquent rarement leur but, lorsque les parents savent les seconder.

L'orgueil et *l'ambition* sont plus rares et causent moins de malheurs à la campagne qu'à la ville ; on prévient le premier en ne louant les enfants que rarement et à propos : la louange est un poison perfide quand elle est autre chose qu'un encouragement à bien faire. L'ambition sera rare si on apprend de bonne heure aux jeunes gens à estimer l'état de leur père et à comprendre que le seul bonheur réel en ce bas monde consiste à avoir une conscience tranquille et une bonne santé, et à se contenter de sa position sociale.

L'envie et *la jalousie* font aussi moins de ravages au village qu'en ville ; cependant la jalousie fait quelquefois mourir des enfants ou ternit leur existence. Les parents et les instituteurs doivent témoigner les mêmes égards et la même affection à tous leurs enfants ou élèves ; justes et impartiaux envers tous, ils ne doivent accorder de préférence à aucun, sous peine de perdre leur estime et leur attachement.

L'avarice, ce désir immodéré d'accumuler des richesses, même aux dépens de ses premiers besoins, est une passion aussi commune dans les campagnes que dans les villes, et y porte souvent un préjudice bien déplorable à la santé des individus. Ce n'est pas que le cœur du campagnard ne soit généralement bon ; mais un peu d'argent lui coûte de si rudes travaux, qu'il éprouve d'autant plus de peine à s'en dessaisir. Aussi il laissera aggraver une maladie qui l'atteindra, lui, sa femme et ses enfants, afin d'éviter la dépense d'une visite ou l'achat d'un médicament, ou il confiera sa vie au premier charlatan venu, pourvu qu'il espère être traité gratuitement. D'autres fois il fera des économies sur les matières alimentaires, il épuisera ses forces par un travail outré et ne les réparera pas suffisamment, et il ne prévoit pas qu'une maladie lui fera bientôt perdre plus d'argent qu'il n'en a économisé en se refusant le nécessaire. C'est encore par l'éducation qu'il faut chercher à prévenir cette triste passion. Les parents et les instituteurs, en prêchant l'économie aux jeunes gens, doivent bien leur faire comprendre qu'il ne faut pas économiser par amour pour l'argent, mais uniquement pour être toujours à même de pourvoir à ses besoins et à ceux de ses proches.

Ils doivent aussi habituer les enfants à partager avec le pauvre les petites épargnes qu'ils peuvent faire, et à employer le surplus de celles-ci à acheter quelque objet utile à leurs études ou à leur santé. Enfin pour bien leur faire comprendre la différence qui existe entre l'économie et l'avarice, on leur expliquera et fera retenir cette sentence de Chamfort (*Maximes et pensées*) : « Le plus riche des hommes, c'est l'économe ; le plus pauvre, c'est l'avare. »

§ II. — *De l'instruction.*

L'instruction est une des branches les plus importantes de l'éducation. Certains parents n'en sentent pas assez le besoin : victimes eux-mêmes de l'ignorance de leurs pères, ils croient que leurs enfants vivront bien comme ils ont vécu, que quelques mois de fréquentation d'une école pendant un mois ou deux suffiront pour leur apprendre à réciter un peu de petit catéchisme, à lire et à faire leur nom, et qu'à ces notions incomplètes se borne toute l'instruction nécessaire. D'autres, jouissant des dons de la fortune et n'ayant aucune inquiétude sur l'avenir de leurs fils, ne veulent pour ces derniers que des connaissances tout à fait superficielles, et ne les astreignent à aucune étude sérieuse.

Il en résulte que les premiers n'ont souvent pas l'intelligence nécessaire pour être de bons ouvriers, ne comprennent ni la religion ni la morale, et se laissent prendre à tous les piéges des agitateurs et des mauvais conseillers. Quant aux seconds, on les voit souvent mener une vie pleine d'ennui et de désœuvrement, et la société leur refuse le rang que leur position semblait marquer d'avance et qu'ils n'ont pu conquérir par leur éducation ni leurs services. Souvent on dit qu'il est inutile de s'instruire quand on veut labourer la terre; c'est là un préjugé bien nuisible et bien ridicule : aucune profession plus que celle d'agriculteur n'exige un jugement sûr, une science d'observation, des calculs précis et des connaissances positives sur une foule de branches qui se rattachent aux sciences naturelles, à l'industrie et au commerce. Pour être bon agriculteur, il faut non-seulement savoir lire, écrire et calculer, mais connaître les principes de la chimie, de la botanique, de la physique, de la géologie, etc.; et si l'on n'a point reçu une forte instruction primaire, il est impossible d'acquérir, dans les traités spéciaux et dans les écoles professionnelles, les notions qui doivent guider le cultivateur et lui apprendre à retirer tout le fruit possible de son travail et de son bien.

Certains parents tombent dans un excès tout opposé ; fiers de la précocité de l'intelligence de leurs enfants, ils s'attachent trop tôt à la développer et à exalter leur imagination en leur apprenant des choses inutiles ; ou bien ils en font des babillards importuns et de petits personnages ridicules et pleins de vanité, ou ils les poussent dans des études au-dessus de leur âge et tuent leur corps au profit de leur esprit. Il est certains enfants qu'il faut stimuler dans les écoles, mais on ne doit chercher ce résultat que par des moyens prudents et sans efforts prolongés. D'autres, au contraire, paraissant trop précoces, trop nerveux, trop excitables, doivent être ménagés et plutôt ralentis qu'excités. Les instituteurs, aussi bien que les parents, ne doivent jamais perdre de vue qu'il faut développer le corps d'abord, et qu'un trop grand exercice du cerveau nuit à tous les autres organes et compromet la santé et la vie d'un enfant.

Jamais la durée d'une classe ne doit dépasser trois heures, et un intervalle de trois heures au moins doit séparer la classe du matin de celle du soir ; de plus, on doit engager les élèves à bien profiter des récréations et à les employer à des jeux actifs qui développent le corps. Le temps de la classe lui-même doit être partagé entre les diverses leçons, de manière qu'un exercice manuel succède toujours à ceux dans lesquels l'intelligence et le raisonnement sont principalement mis en action.

Certains enfants, malgré toute la prudence possible, souffrent parfois des efforts qu'ils font pendant le cours de leur instruction primaire. On en voit qui maigrissent, qui perdent l'appétit et la fraîcheur du teint. D'autres se plaignent de pesanteurs et de douleurs à l'estomac et de difficulté dans les digestions ; il est urgent alors de leur faire prendre quelques jours de vacances, afin de ne pas les exposer à l'inflammation cérébrale ni à des affections graves du tube digestif.

CHAPITRE VII.

De l'hygiène publique dans les campagnes.

§ I. Importance de l'hygiène publique. — Préjugés qui s'opposent dans les campagnes à l'exécution des mesures hygiéniques. — Circulaires de M. le ministre de l'intérieur. — Accord parfait des règles de l'hygiène avec celles de la bonne agriculture. — § II. Des engrais, de leur conservation et de leur désinfection. — § III. De la voirie vicinale. — § IV. De la police des cours d'eau. — § V. Des maladies que les animaux peuvent communiquer aux hommes et des mesures d'hygiène publique dans les épizooties. — § VI. Des maladies humaines. — Des préservatifs, de la vaccine et de la revaccination. — Des soins à donner aux malades. — Des charlatans. — Du service sanitaire des indigents. — § VII. Des cimetières et de la police des inhumations.

§ I.

Les médecins se sont depuis longtemps occupés des mesures de police sanitaire et des moyens administratifs propres à sauvegarder la santé publique ; mais les gouvernements modernes n'y attachaient pas toute l'importance méritée par cet objet sérieux ; il a fallu que des épidémies meurtrières vinssent décimer les peuples ; que le paupérisme, avec tout son hideux cortége, ravageât les provinces et les empires les

plus florissants, pour qu'enfin la sollicitude du pouvoir fût éveillée sur une des conditions les plus
nécessaires au bonheur des individus. C'est ce qui a
fait dire à M. le ministre de l'intérieur, dans son
exposé des motifs (1) :

« L'hygiène publique a pris naissance à la suite
« des maux dont les centres de populations sont
« devenus les foyers.

« Fort négligée en Angleterre jusqu'à ces der-
« niers temps, elle y est aujourd'hui l'objet de re-
« cherches suivies et de mesures gouvernementales
« qui fixent l'attention des États du continent.

« La publication faite, en 1842, du rapport de la
« commission que le gouvernement avait instituée
« pour étudier les causes d'insalubrité dans les
« grandes villes, ainsi que les moyens d'y remédier,
« doit être considérée comme le point de départ de
« la grande réforme hygiénique qui commence à
« s'accomplir en Angleterre.

« Ce rapport, résultat d'une vaste et belle enquête,
« mit au grand jour les souffrances de toute nature
« qui pèsent sur la classe pauvre et sur la classe
« ouvrière.

« Ces faits graves, dont on était loin de soup-
« çonner l'existence, firent sentir l'urgence d'aviser
« aux moyens propres à garantir les populations
« ouvrières des causes de destruction qui les en-
« tourent.

« Des médecins, des ecclésiastiques, des membres

______

(1) Exposé des motifs à l'appui du projet de loi relatif à l'exécution
de travaux d'utilité publique, etc., présenté à la chambre des repré-
sentants, en séance du 25 février 1848.

« du parlement se réunirent dans ce but philanthro-
« pique.

« Des associations destinées à populariser et à
« commencer la réforme hygiénique ne tardèrent
« pas non plus à se constituer : »

1° Celle pour la salubrité des villes ; 2° l'association
des classes laborieuses de Londres pour l'amélioration de la santé publique, associations qui répandent
dans la classe ouvrière, par des leçons publiques et
des lectures gratuites, la connaissance des principes
de l'hygiène publique ; 3° une autre société, formée
sous le patronage de la reine, s'occupe de procurer
aux familles ouvrières des habitations saines et commodes ; 4° une autre société fournit à bas prix, à la
population pauvre, des bains à toutes les températures, et des eaux pour les buanderies.

En Belgique, le gouvernement s'est aussi, dans
ces dernières années, beaucoup occupé de l'hygiène
des classes ouvrières. Des conseils de salubrité
publique s'étaient formés dans les principales villes
du royaume ; des enquêtes multipliées avaient eu lieu,
sous leurs auspices, sur la condition hygiénique des
ouvriers industriels ; plusieurs médecins habitant la
campagne (1) ont aussi chaudement plaidé la cause
du prolétaire rural et signalé les maux qui peuvent

(1) Divers mémoires ont d'abord été publiés par l'auteur de ce
Manuel : la Société de médecine pratique de Willebroeck, et son laborieux président, M. le docteur Van Berchem, donnèrent ensuite un
essor nouveau à l'étude de l'hygiène des campagnes. — Mon livre sur
le service sanitaire des indigents prouva au Pouvoir qu'il y avait beaucoup à faire pour remédier aux maux des prolétaires agricoles ; enfin,
MM. Craninex et Mascart, dans des discours et mémoires lus à l'Académie, apportèrent aussi leur contingent à l'œuvre. — Ce *Manuel*

être soulagés dans cette classe laborieuse ; enfin les événements politiques survenus en 1848 firent sentir le besoin d'opposer, à des doctrines subversives de l'ordre social, des mesures d'amélioration réelle pour les classes nécessiteuses et, nous le disons à l'honneur du Pouvoir, il a su entrer dans une voie toute nouvelle, et commencer les réformes hygiéniques si importantes pour le bonheur du peuple.

Des circulaires ont été adressées aux autorités communales pour les engager à instituer des comités locaux de salubrité publique (1), et pour appeler leur sollicitude sur les sources de miasmes qui corrompent l'air, aussi bien dans les campagnes que dans les villes (2). Ces avis de l'autorité ont déjà porté d'heureux fruits dans les communes urbaines, mais on ne peut pas dire qu'il en a été de même dans la plupart des communes rurales. Deux prétextes y sont principalement allégués par beaucoup d'administrations pour excuser leur inaction : d'abord elles prétendent que les mesures hygiéniques contrarieraient les intérêts de l'agriculture, et qu'elles ne sont pas suffisamment autorisées par les lois à prendre certaines mesures de police qui, au premier coup d'œil, semblent porter

sera, j'espère, un commencement pratique de la civilisation hygiénique des communes rurales.

(1) Circulaire adressée à MM. les gouverneurs, le 12 décembre 1848.

(2) Circulaire du 8 avril 1848. — Assainissement des villes ; emploi des engrais qui se perdent.

Circulaire du 7 février 1849. — Assainissement des villes et des communes.

Circulaire du 5 avril 1849. — Création d'un fonds spécial pour travaux d'assainissement.

Circulaire de la même date. — Concours des particuliers pour l'exécution des travaux d'assainissement.

atteinte à la propriété et contrarier trop vivement tous les usages reçus. Ce chapitre tout entier sera une réfutation péremptoire de la première objection. Pour répondre à la seconde, il nous suffira de citer les circulaires de M. le ministre de l'intérieur et les textes de divers règlements qu'un long oubli semble avoir annulés.

Dans sa circulaire du 7 février 1849, M. le ministre, après avoir cité les principales causes d'insalubrité dans les villes et les moyens de les faire disparaître, ajoute :

« Ce n'est pas seulement dans les villes que le
« service de la salubrité publique laisse à désirer ;
« sous ce rapport, il y a beaucoup à faire dans les cam-
« pagnes, et la plupart des moyens d'assainissement
« que je viens d'indiquer sont applicables aux com-
« munes rurales comme aux cités les plus populeuses.

« Plus d'une épidémie meurtrière a pris sa source
« dans les foyers d'infection qui se forment dans le
« voisinage des habitations des campagnards, soit
« par l'accumulation et la décomposition des détritus
« de matières animales et végétales déposées en
« quelque sorte au seuil des maisons, soit par la
« corruption des eaux stagnantes, la mauvaise dis-
« position des dépôts de fumier, la construction
« vicieuse des fosses d'aisances, etc.

« Les administrations des communes rurales doi-
« vent donc, aussi bien que celles des villes, s'occuper
« avec une constante sollicitude de tout ce qui touche
« à l'hygiène publique ; elles doivent interdire sévè-
« rement tout ce qui est de nature à compromettre
« la santé publique; prendre des mesures efficaces
« pour assurer la propreté des rues et des places, le

« curage des ruisseaux et l'écoulement des eaux
« corrompues ; s'efforcer d'éloigner, autant que pos-
« sible, du centre des villages, les cimetières, les clos
« d'équarrissage, les fossés de rouissage, etc., et
« prévenir au besoin, ou mitiger, par des plantations
« ou d'autres ouvrages, l'action des vapeurs délétères
« qui s'en exhalent.

« Elles doivent s'attacher aussi à assainir, par des
« moyens de ventilation convenables, ou même par
« des fumigations désinfectantes, les lieux de ras-
« semblement, tels que les maisons d'école, les
« églises, etc., qui laissent généralement à désirer,
« au point de vue hygiénique.

« Il faut enfin qu'à la campagne, aussi bien que
« dans les villes, le service de la salubrité publique
« s'exerce avec une vigilance et des soins incessants,
« et que les administrations ne laissent échapper
« aucune occasion d'améliorer le régime hygiénique
« des classes pauvres et laborieuses.

Les devoirs sont nettement tracés ; prouvons maintenant que les lois donnent l'autorité nécessaire pour
les accomplir. La circulaire du 20 avril 1849 dissipe
tous les doutes qui auraient pu naître à cet égard :
en effet, M. le ministre s'appuie sur des lois qui ne
sont nullement prescrites, et qui ont repris une nouvelle force dans les circonstances actuelles ; ce sont
les lois du 14 décembre 1789, des 16 et 24 août 1790
et des 19 et 22 juillet 1791, qui ont placé au rang
des *premiers devoirs de l'autorité municipale* le
soin d'assurer, par des mesures de police, *la propreté et la salubrité* dans les lieux et édifices publics,
et de prévenir, par des précautions, *les accidents et*

fléaux calamiteux, tels que les incendies, les épidémies, les épizooties. « Ces lois, dit M. le ministre, « n'ont pas cessé d'être en vigueur en Belgique ; elles « donnent à la commune des pouvoirs étendus pour « régler tout ce qui est relatif à la santé publique, « et si diverses causes de dégradation morale et de « dépérissement physique entourent aujourd'hui les « classes laborieuses, il est permis de croire que ce « mal ne se serait point produit, ou tout au moins « qu'il n'aurait point pris les proportions qu'il a « acquises, si les communes avaient fait usage de « ces pouvoirs. »

Il ressort bien évidemment de ce qui précède, que les administrations communales ont le droit positif de porter des règlements pour sauvegarder la salubrité des villes et des villages. Mais, me dira-t-on, cela doit se comprendre pour les causes d'insalubrité qui pourraient se produire dans les chemins, les rues et les lieux publics ; chacun est libre de faire tel usage qu'il lui plaît de sa cour, de son jardin et de son habitation, et il nous répugnerait de lui interdire d'y déposer ce que bon lui semble ? Autre erreur qui enraye toutes les mesures de police sanitaire ! Ainsi, si l'on admet ce système, pourquoi punit-on si sévèrement le propriétaire qui met volontairement le feu à sa maison, quand même elle ne serait pas assurée ? Pourquoi empêche-t-on l'établissement des fabriques de produits chimiques et autres choses du même genre, à proximité des habitations ? C'est qu'en brûlant sa propre maison, on menace d'incendie la maison de ses voisins ; c'est qu'en établissant des fabriques insalubres, on corrompt l'air autour de soi, et que l'air est une propriété commune que personne n'a le droit d'empoisonner. Je sais bien que lorsque le typhus, engendré par les amas de boues, les mares de purin et les gros fumiers, a moissonné le père et les fils d'une pauvre famille dont la chaumière est voisine du riche cultivateur, ce dernier n'est pas traduit en justice comme prévenu d'homicide ; mais il n'en est pas moins coupable à mes yeux ; il le sera surtout lorsqu'on lui aura fait comprendre le danger des sources de miasmes qu'il accumule, et qu'il refusera de les amoindrir ou de les faire disparaître ; d'ailleurs, s'il n'est pas poursuivi correctionnellement, c'est que l'autorité communale a négligé jusqu'aujourd'hui de porter les règlements convenables, et c'est sur cette autorité qu'en retombe la responsabilité.

Enfin l'on me dira qu'il est impossible d'exiger du cultivateur les soins de propreté que nous réclamons ; que ce serait s'astreindre à une dépense de temps et à des pertes considérables : double erreur qui naît de l'ignorance des bonnes pratiques agricoles ! Les soins que les règlements de police sanitaire doivent imposer aux cultivateurs sont précisément ceux que la science agricole leur recommande, et leur observance rigoureuse, loin de les appauvrir, les enrichirait, en augmentant la force et la quantité de leurs engrais et, partant, en leur procurant des récoltes plus abondantes.

§ II. — *Des engrais, de leur conservation et de leur désinfection.*

En parlant des locaux d'école et de la propreté, j'ai recommandé les mesures d'assainissement qui les concernent et qui s'appliquent à toutes les habitations. Il ne s'agit donc plus que de traiter spécialement des sources de miasmes que l'on rencontre le plus généralement autour des habitations des campagnards, c'est-à-dire des engrais destinés à fertiliser la terre. Ces engrais contiennent des parties solides, des parties liquides et des parties gazeuses. Il est certain que les urines et le jus du fumier ont des propriétés fertilisantes très-actives, cela est assez généralement connu ; mais ce qu'on semble ignorer partout, c'est que l'engrais produit des gaz qui, en s'exhalant, lui font perdre la meilleure partie de sa force ; ainsi l'ammoniaque qui se dégage des engrais solides et liquides est leur principal élément fertilisant ; cette odeur, qui vous saisit quand on remue la litière du bétail ou quand on passe près d'un tas de fumier mal conservé, est principalement constituée par le gaz ammoniac, destiné à devenir le stimulant le plus actif de la végétation et le meilleur aliment des plantes ; eh bien, c'est cette partie précieuse qui se volatilise et qui, nuisible à l'homme et aux animaux, empoisonne leur atmosphère, tandis qu'il devrait faire croître et nourrir les plantes. Si l'hygiène vous dit : Employez les moyens nécessaires pour empêcher le dégagement et la perte de ce principe si précieux dans les engrais, et si un règlement vient vous les prescrire, y aura-t-il dommage pour vos intérêts ? Ne vous aura-t-on pas ordonné des précautions utiles, il est vrai, à la santé publique, et par conséquent à la vôtre, mais tout aussi utiles à votre prospérité agricole ? Eh bien, ce que l'hygiène demande dans tous les cas, c'est que vous conserviez tout ce qui peut être engrais ; c'est que vous le déposiez dans un lieu convenable ; c'est que vous le placiez de manière ou que vous le mélangiez avec des substances telles qu'aucun des éléments de cet engrais ne soit perdu pour vous. C'est ainsi que l'hygiène, loin de nuire à l'agriculture, devient une source de profits pour elle.

Le sol des étables, des trous à fumier et des fosses d'aisances, doit être rendu imperméable soit à l'aide de la chaux hydraulique, soit par un fonds d'argile battue, soit par un bon pavement en grès cimenté, afin que les substances liquides qu'elles reçoivent ne puissent pas s'infiltrer et se perdre dans le sol ou aller altérer l'eau des puits et des citernes.

La fosse destinée à recevoir le fumier doit être située au nord, soit d'un bâtiment, soit d'une haie épaisse ou d'arbres assez élevés pour l'abriter contre les rayons du soleil ; car une température élevée lui ferait perdre une bonne partie des gaz qu'il contient. Cette fosse aura la forme d'un carré long, entourée d'un petit relèvement de terre, de manière qu'elle ne puisse recevoir les eaux du dehors ; elle doit s'approfondir insensiblement jusqu'à deux ou trois pieds de profondeur, sur l'un des petits côtés, tandis que l'autre est au niveau du sol, de manière qu'elle ait une pente insensible. Un simple fossé couvert sera construit vers la partie la plus déclive de l'emplacement pour y recueillir le purin ; ou, ce qui vaut mieux, un aqueduc muni d'une grille conduira l'eau du fumier dans une citerne murée et couverte. (*Voyez* planche V, n° 15.) Le plus possible, on fera passer des chariots ou du bétail sur le fumier, afin qu'il soit fortement entassé, et qu'il s'en dégage moins de gaz. Jamais il ne faut accumuler des tas de fumier qui dépassent le sol ; ils offrent trop de surface à l'évaporation, et les eaux pluviales, qui l'arroseraient, découleraient sur leurs bords et en entraîneraient une partie de l'élément le plus actif ; d'ailleurs, le fumier placé dans de pareilles conditions se dessèche et brûle ; il perd de ses qualités, et sa quantité diminue des deux tiers au moins. Autant que faire se peut, il est à désirer qu'on conduise le fumier sur les terres tous les quinze à vingt jours. Quand des circonstances exceptionnelles forcent les cultivateurs à laisser séjourner longtemps le fumier dans sa fosse, il est nécessaire, pour le conserver sans perte, d'en saupoudrer les lits avec du plâtre ou de l'arroser avec de l'eau mélangée d'acide sulfurique, dans le but de convertir en sels fixes les gaz ammoniacaux, qu'il faut s'efforcer de conserver au fumier. Tel est le langage des bons agriculteurs ; tels sont aussi les préceptes de l'hygiène, qui ne veut pas que l'air soit altéré par des produits si nécessaires à la fécondation de la terre. C'est dans le même but que la saine agriculture et l'hygiène prescrivent de saupoudrer de plâtre ou d'arroser avec de l'eau aiguisée d'acide sulfurique la litière qui a longtemps séjourné dans les bergeries, afin que cet engrais ne perde pas sa force, et que les ouvriers qui le remuent ne soient pas à demi asphyxiés par une atmosphère infecte.

Le purin. — La plupart des petits cultivateurs sont arrêtés dans les progrès de leur culture par la pénurie des engrais ; on serait dès lors tenté de croire que ce sont eux qui vont les recueillir et les conserver avec le plus de soin, et que dans aucune occasion ils n'en laisseront perdre la plus faible quantité. C'est précisément le contraire qui a lieu, et si l'on observe les environs de leurs étables et de leurs fosses à fumier, on trouve partout le sol imprégné de purin qui s'évapore à l'air libre; c'est là une perte irréparable pour l'agriculture, et, je l'ai déjà dit, je ne cesserai de le répéter, c'est un danger permanent pour la santé publique. Aussi ne puis-je trop recommander les trous à purin et surtout les citernes en maçonnerie. Car si l'on veut conserver les engrais liquides en entier et dans toute leur force, il ne faut pas les laisser soumis au contact de l'air libre, où ils s'évaporent et perdent la majeure partie de leurs principes ammoniacaux. Il n'entre pas dans la spécialité que je traite d'exposer les divers emplois des engrais liquides; je dois seulement faire observer que, lors des arrosements avec le purin, on peut éviter le dégagement des gaz en pratiquant préalablement la désinfection au moyen des procédés que je vais indiquer.

Des matières fécales. — On connaît généralement la puissance fécondante des matières fécales humaines; on sait aussi qu'elles exhalent une odeur repoussante et des gaz si nuisibles que beaucoup d'ouvriers vidangeurs meurent asphyxiés sitôt qu'ils sont descendus dans les fosses d'aisances; cependant il existe des moyens faciles d'ôter à ces matières leurs qualités nuisibles et de les employer plus généralement qu'on ne le fait à la fertilisation du sol. Ici encore l'intérêt de l'agriculture et celui de la santé publique se rencontrent et se corroborent.

Les substances nécessaires pour désinfecter les

matières fécales et les convertir en engrais commodes
et féconds peuvent se procurer facilement et à très-
peu de frais. On prend un vase de peu de valeur,
dans lequel on verse deux litres d'eau chaude; on
suspend dans cette dernière un petit panier dans
lequel on a placé un kilogramme de couperose verte
(sulfate de fer); on secoue de temps en temps ce panier
(pendant 10 à 15 minutes), jusqu'à ce que la couperose soit fondue; on laisse refroidir, puis on ajoute
trois décilitres de chaux en poudre, deux décilitres
de charbon pilé et autant de suie, et l'on obtient ainsi
une liqueur désinfectante, qui non-seulement enlève
aux fosses d'aisances l'odeur repoussante et si insalubre pour les habitations, mais on conserve toute la
force de ce puissant engrais. On calcule qu'il faut
trois kilogrammes de couperose fondue dans six
litres d'eau pour chaque hectolitre de matière à
désinfecter; on verse cette liqueur, on remue avec
une perche, et l'on obtient ainsi un liquide noirâtre
qui n'a plus d'odeur incommode ni rien de répugnant.
Le même procédé peut s'appliquer au purin et aux
mares d'eau de fumier, ainsi qu'à la plupart des matières provenant de la décomposition des substances
animales. On comprendra que l'hygiène et l'agriculture s'unissent pour recommander cette pratique,
quand on saura que ces matières animales dégagent,
à la température de trois ou quatre degrés, du carbo-
nate d'ammoniaque, du sulfhydrate, dans lequel
réside la principale puissance de cet engrais, et du
gaz hydrogène sulfuré, si dangereux pour la vie des
hommes qui le respirent, et que la liqueur désinfectante précitée convertit ces deux gaz en sels qui ne

se volatilisent pas et qui restent tout entiers dans l'engrais désinfecté. Le plâtre offre encore un moyen plus commode et moins coûteux pour la désinfection de ces matières ; cent kilogrammes de bon plâtre coûtent ordinairement cinq francs ; il n'en faut que quatre kilogrammes pour désinfecter parfaitement un hectolitre d'excréments ; de sorte que la dépense n'est que de vingt centimes, tandis que le procédé que nous avons cité en premier lieu coûterait environ soixante et quinze centimes par hectolitre. Quelques poignées de minerai de fer pulvérisé seront avantageusement jetées dans les fosses d'aisances qu'on voudra désinfecter par le plâtre ; cette précaution n'est pas de rigueur, elle peut être négligée dans les pays où cette substance ne se procurerait pas facilement.

L'hygiène, en recommandant cette excellente pratique agricole, favorise bien évidemment les intérêts pécuniaires des cultivateurs, qui, dans la plupart des localités, ne tirent aucun parti utile de ces matières, et les laissent évaporer à l'air libre ou se perdre par les eaux pluviales. Des calculs positifs prouvent que les matières solides produites sur une année par une seule personne s'élèvent à 280 kilogrammes, ou environ trois hectolitres ; qu'elles suffisent pour la fumure de 20 ares de terre ou de prairie, c'est-à-dire à la production de 400 kilogrammes de froment, de seigle ou d'avoine, et qu'elles ont une valeur approximative de 5, 10 et même 20 francs, suivant les localités et le prix des engrais. Il est facile maintenant de se faire une idée des pertes volontaires que presque tous les cultivateurs font chaque année en négligeant d'exécuter les conseils de la science.

Une source d'infection, que trop souvent j'ai constatée dans les villages, c'est l'accumulation du sang et des dépouilles d'animaux autour des boucheries ; c'est l'abandon des cadavres de chevaux ou de bœufs crevés pourrissant en plein champ ou le long des chemins. Cependant, déjà les règlements ordonnent que ces cadavres soient enterrés et convenablement recouverts à une certaine distance des hameaux et des villages, et si l'hygiène défend de laisser ainsi des matières animales se putréfier et infecter l'air, l'agriculture proteste à son tour contre cette perte d'engrais.

Le meilleur parti à tirer de la chair de certains animaux morts serait de la cuire immédiatement, de la saler légèrement, de la mélanger à trois ou quatre fois son volume de pommes de terre, et de la donner en nourriture aux porcs, aux chiens et aux animaux de basse-cour. Cette alimentation est très-saine pour eux et avance rapidement leur engraissement ; il est cependant prudent de ne pas employer à cet usage les animaux morts de maladies contagieuses, telles que le charbon, la morve, etc. Certains cultivateurs dépècent les animaux morts, en jettent les morceaux dans les citernes à purin, et se procurent ainsi un engrais extrêmement actif. Je crois que cet usage n'est peut-être pas sans danger pour la santé publique, surtout si ce purin est employé sur des terres voisines des habitations, à moins cependant qu'on ne le désinfecte en jetant dans la citerne une quantité suffisante des substances que j'ai citées à propos des fosses d'aisances.

On a aussi conseillé d'employer la chair d'animaux

crevés à la confection de composts, dans lesquels on ferait entrer la chaux en quantité suffisante. A mon avis, c'est le plâtre et non la chaux qu'il faudrait employer dans ce cas, parce que la chaux, au lieu de fixer l'ammoniaque, qui est la principale richesse du fumier, fait perdre cette substance.

Un autre moyen d'utiliser le sang et les chairs est de les mélanger avec moitié de leur poids de charbon de bois pulvérisé ou de cendres.

Les os peuvent être vendus dans le commerce; ils peuvent aussi être employés comme engrais, après avoir été brûlés et réduits en poudre. Jamais on ne doit les laisser dans l'intérieur ni autour des habitations.

On voit, par ce qui précède, que les précautions hygiéniques, loin de diminuer la quantité des engrais destinés à l'agriculture, tendent au contraire à les augmenter considérablement et à leur conserver leur force. Ainsi donc des règlements de police basés sur l'hygiène, loin de blesser les intérêts des habitants des communes rurales, les protégeraient et sous le point de vue de la santé et sous celui de la prospérité agricole, et il en résulte bien positivement que les administrateurs communaux n'ont pas le moindre prétexte plausible pour excuser leur inaction en matière de salubrité publique.

§ III. — *De la voirie vicinale.*

M. Vergote, dans un rapport présenté à M. le ministre de l'intérieur (1849), sur les chemins vici-

naux des provinces de Namur et de Liége, s'exprime
ainsi :

« L'amélioration hygiénique des communes rurales
« est intimement liée au perfectionnement de la voi-
« rie vicinale, et notamment les chemins traversant
« l'intérieur des villages.

« Vainement le gouvernement s'efforcera-t-il de
« provoquer l'assainissement des habitations; ses
« recommandations demeureront forcément stériles,
« aussi longtemps que les parties agglomérées des
« communes rurales ne seront point pourvues d'un
« système de communication intérieure convenable-
« ment établi et bien entretenu : la propreté des rues,
« dans les communales rurales comme dans les villes,
« est une des premières conditions d'une bonne
« hygiène.

« Or, dans la plupart des communes que j'ai par-
« courues, notamment dans la province de Namur,
« les rues traversant l'intérieur des villages se trou-
« vent dans un état de dégradation, et par conséquent
« de malpropreté, dont il serait difficile de se faire
« une idée exacte.

« Non-seulement l'alignement et le nivellement de
« cette partie de la voirie vicinale sont complétement
« négligés ; non-seulement les rues dans les villages
« sont d'un parcours difficile et souvent dangereux,
« mais elles forment, dans beaucoup de localités, des
« foyers d'infection d'autant plus funestes, que leur
« action est incessante. Bordées des deux côtés de
« dépôts de fumier, dont les exhalaisons nuisibles
« infectent, pendant les chaleurs de l'été, l'intérieur
« des habitations, elles n'offrent que des moyens

« d'écoulement insuffisants pour les eaux dont elles
« sont inondées aux moindres pluies, et qui, le plus
« souvent, finissent par croupir et se corrompre au
« milieu de la voie publique. »

On le voit, d'autres que les médecins constatent les
dangers que fait courir à la santé publique le mauvais état des chemins vicinaux. Ces dangers seraient
plus palpables encore, s'il était possible de citer ici
les extraits des rapports des commissions médicales,
qui prouvent que la plupart des épidémies proviennent de cette source. Dans certaines localités, les
chemins sont assez bien construits et entretenus,
mais l'autorité tolère des abus qui détruisent tous les
bienfaits d'une bonne voirie vicinale, au point de vue
de l'hygiène. Ainsi beaucoup de cultivateurs creusent
à côté des chemins, au centre même du village, de
larges fossés où ils dérivent les eaux pluviales ; ils y
laissent séjourner et évaporer ces dernières pour
obtenir la boue qu'elles charrient ; ils lèvent cette
boue en tas le long des habitations ou des clôtures
des jardins, et accumulent ainsi des monceaux de
vase, qui, échauffés par le soleil, dégagent des miasmes
qui sont éminemment propres à développer des
fièvres de mauvais caractère. En vain les médecins
citent ces sources comme causes productrices des
épidémies ; les autorités communales se refusent à
admettre les dangers de ces amas de boue, ou prétendent qu'ils ne peuvent porter atteinte aux droits
des riverains des chemins et des ruisseaux. Mais, je
l'ai déjà dit, est-il un droit plus sacré et plus universel
que celui de respirer l'air atmosphérique, et ne
porte-t-on pas atteinte à ce droit en corrompant l'air

par l'accumulation de principes infectants au milieu des populations agglomérées? Si des cultivateurs, au lieu de laisser les eaux pluviales couler librement le long des chemins publics et aller fertiliser les prairies qu'on peut irriguer, désirent recueillir la vase de ces eaux, qu'ils aillent creuser leurs mares loin des villages, qu'ils aient soin d'ailleurs de mélanger une quantité suffisante de plâtre à ces vases, mais qu'ils ne se livrent pas à cette pratique au centre des villages, ils n'en ont pas le droit, pas plus que l'on n'a celui d'ériger un établissement insalubre à proximité des habitations de ses voisins. D'ailleurs les règlements de police sur les chemins vicinaux adoptés dans toutes les provinces belges sont explicites à cet égard : « Seront punis d'une amende de 5 à 15 francs « ceux qui auront supprimé ou changé la direction « des fossés ou rigoles bordant les chemins; ceux « qui, sans autorisation écrite de l'autorité commu- « nale, y auront pratiqué des puisards ou retenues « d'eau; ceux qui auront dégradé les fossés, etc. » Il entre bien évidemment dans l'esprit de ces règlements de défendre tout ce qui pourrait empêcher le libre écoulement des eaux; or, on ne peut constituer les mares que nous signalons qu'en déchirant le bord externe du fossé, et c'est là une contravention qu'il n'est pas permis aux autorités de tolérer sans manquer à leur mandat.

Outre les règlements provinciaux sur la voirie vicinale, il devrait exister dans chaque commune un règlement particulier qui statuerait sur la police des chemins, sur la bâtisse, l'alignement et l'entretien des maisons, la construction des fosses à fumier, les égouts, etc. Un projet de règlement vient d'être adopté dans ce but par le conseil supérieur d'hygiène publique, mais il me paraît encore incomplet et demande l'addition d'articles très-importants, applicables aux communes rurales (1). Je n'entrerai pas ici dans les détails de la construction des chemins vicinaux, je recommanderai seulement le pavage ou l'empierrement dans l'intérieur des villages, le nivellement, les larges fossés, les grands égouts couverts, enfin tous les moyens les plus propres à assurer la propreté des chemins et surtout le libre écoulement des eaux : ce sont des précautions de construction et de salubrité qu'on ne néglige jamais sans danger.

§ IV. — *De la police des cours d'eau non navigables ni flottables.*

Les règlements provinciaux sur la police des ruisseaux et autres cours d'eau non navigables sont en général mal exécutés ou complétement négligés dans les campagnes ; il en résulte, dans certaines saisons, des stagnations d'eau, qui changent en marais les environs des villages, et, dans d'autres saisons, des inondations qui sont également nuisibles à l'agriculture et à la santé publique. La vase et les détritus végétaux que les eaux laissent sur le sol en se retirant se putréfient au retour du printemps, et déterminent des fièvres de diverses espèces ; pour ma part, j'ai vu survenir plus de dix épidémies de fièvre typhoïde dans les villages qui sont au centre ou sur

(1) Voyez le *Moniteur* du 9 février 1850.

les bords d'une vallée arrosée par un ruisseau qui déborde très-fréquemment. Il est donc nécessaire d'exécuter ces règlements avec rigueur et d'en pourvoir la province qui n'en a pas encore adopté (celle de Namur). Il est une lacune que j'ai remarquée dans ces règlements. La plupart contiennent la disposition suivante : « Les terres provenant du curage serviront « à rehausser, réparer et fortifier les digues, etc.; « celles dont il ne sera pas fait emploi immédiat « seront déposées par les riverains à la distance d'un « mètre au moins du cours d'eau. » Il me paraît que, dans un rayon d'un kilomètre au moins des villages, cet excédant de terre doit être enlevé et conduit au loin, ou bien être immédiatement mélangé à une quantité suffisante de chaux et recouverte d'un lit de paille, s'il doit rester pendant l'été à proximité des habitations. Ces terres contiennent toujours une grande quantité d'herbes, de racines et de détritus végétaux qui, sous l'influence de l'humidité et de la chaleur, se décomposent et exhalent des miasmes insalubres ; le moyen que je propose aurait pour effet de neutraliser ces miasmes ou d'en atténuer le dégagement.

§ V. — *Des maladies qui des animaux peuvent se communiquer aux hommes.*

Plusieurs affections dont les animaux sont assez fréquemment atteints peuvent se communiquer aux personnes qui sont en rapport avec eux ; il est donc bien nécessaire que le campagnard puisse reconnaître ces affections et prendre contre elles des précautions convenables.

1° La *rage* est certes une des plus terribles maladies que les animaux domestiques puissent transmettre à l'homme. Quoique plusieurs espèces d'animaux puissent en être atteints, c'est le plus souvent par la morsure du chien que l'infection rabéique a lieu ; c'est pourquoi je donne de préférence les signes qui feront reconnaître la rage dans l'espèce canine. J'emprunte à M. Hurtrel d'Arboval la description suivante : « La rage du chien débute par un abatte-
« ment général, le dégoût, le dédain des aliments et
« des boissons, ou bien il n'en prend qu'une petite
« quantité. Ces signes, d'abord légers, augmentent
« bientôt d'intensité ; l'animal prend une attitude
« plus triste, il porte la tête basse et la queue abais-
« sée entre les jambes ; ses yeux deviennent enflam-
« més ; il évite l'impression de la lumière et l'aspect
« des corps éclatants, cherche la solitude, les en-
« droits obscurs, et se tapit dans un coin ; il gratte
« la terre, et, s'il y a de la paille, il cherche à faire
« un trou, puis se cache la tête. A mesure que la
« maladie fait des progrès, tous ces symptômes aug-
« mentent d'intensité, et deux ou trois jours après il
« y a trouble général dans l'exercice des fonctions,
« surtout des sens ; l'animal sort de son réduit, va
« çà et là sans détermination fixe, paraît inquiet, et
« jette de temps en temps des hurlements. Sa voix
« est rauque, plaintive, courte et enrouée ; l'aboie-
« ment est en quelque sorte semblable à celui d'un
« chien courant qui poursuit le gibier. A cette épo-
« que, le chien enragé méconnaît son maître et ne
« tarde pas à se jeter sur les animaux pour les mor-
« dre, mais plus particulièrement sur les chiens, aux-

« quels il s'acharne. Le premier accès de rage dure
« peu de temps, et il est ordinairement léger, après
« quoi l'animal reprend un peu de calme, qu'il con-
« serve jusqu'à un nouvel accès, lequel se déclare,
« comme le premier, par une grande inquiétude ; il
« est tourmenté et ne peut rester en place ; il a la
« gueule enflammée et écumeuse ; il éprouve des
« envies immodérées de mordre, ainsi que des con-
« vulsions à l'aspect de l'eau, des autres liquides et
« des corps polis sur lesquels il se jette avec fureur
« pour les mordre ; il happe de même tous les objets
« que sa dent peut atteindre, et lâche prise presque
« aussitôt pour recommencer de nouveau, ce qui a
« lieu pendant toute la durée de l'accès. S'il est libre,
« il quitte le plus ordinairement le logis habitué,
« s'enfuit en courant et devient errant. Bientôt les
« forces s'épuisent, l'animal ne peut plus que se
« traîner, les accès se multiplient et se suivent, et il
« périt au milieu des convulsions. Dans l'intervalle
« des accès, le chien est triste et abattu ; il a le dos
« courbé en contre-haut, le poil se hérisse, la tête
« est basse, et au bout de quelques jours, comme du
« deuxième au neuvième, il succombe. Il est à re-
« marquer que les chiens affectés de la rage inspirent
« une telle horreur et une telle frayeur aux autres,
« que les plus petits de ces animaux se jettent sur
« les plus gros, sans que ceux-ci cherchent seule-
« ment à user de la supériorité de leurs forces pour
« se débarrasser. Le chien bien portant n'attaque et
« ne se défend de celui qui est en proie à la rage,
« qu'autant qu'il est excité par la voix de l'homme,
« et qu'il s'agit, soit de défendre son maître, soit de
« disputer une chienne à un rival. »

Il est reconnu que la rage se déclare spontanément chez les chiens, les chats, les loups et les renards, et que ces animaux la transmettent aux individus de leur espèce, aux quadrupèdes, et à l'homme. C'est pendant les mois de mars et d'avril qu'il y a le plus de loups enragés, et c'est pendant les mois de mai, de juillet et de septembre, que les chiens enragés sont le plus nombreux. On ne saurait donc trop engager les cultivateurs à prendre de grandes précautions à ces époques de l'année, et à exécuter les mesures de police qui sont établies pour prévenir la propagation de la rage.

Il est un préjugé répandu dans les campagnes qu'il importe de détruire, parce qu'il a souvent fait naître des inquiétudes qui ont amené de véritables maladies. On croit assez généralement que la morsure d'un chien en fureur peut communiquer la rage, quand bien même il ne serait pas enragé ; c'est une erreur dont des faits multipliés ont démontré toute la fausseté. La morsure d'un chien en fureur est peut-être plus mauvaise que les autres, mais elle ne peut pas communiquer un virus qui n'existe pas chez l'animal non enragé.

Quand la rage résulte d'une morsure, elle ne se déclare pas immédiatement après que celle-ci a eu lieu ; c'est souvent vers le quarante-deuxième jour que ces accès se montrent chez les chiens. On l'a vue survenir, chez un cheval mordu, au quatre-vingt-sixième jour seulement ; chez une ânesse, au soixante et douzième, et chez une jument, au quatre-vingt-deuxième. Cette période d'incubation est, du reste, d'une durée fort incertaine ; c'est pourquoi, quand on a lieu de craindre qu'un animal ait été mordu par un chien enragé, on doit le tenir enfermé, prendre de grandes précautions pendant deux mois au moins, et, après ce délai, il convient encore de le surveiller attentivement, de crainte que la rage ne se déclare tout à coup.

La prudence indique à l'homme la circonspection qu'il doit toujours garder à l'égard d'un chien errant ou de tout autre animal qui paraît présenter quelques-uns des symptômes que j'ai cités comme signes de la rage. Si, pris à l'improviste, lui ou son bétail venait à être mordu par un animal qu'il supposerait enragé, voici les moyens qu'il doit employer sur-le-champ : saisir un fer qui s'adapte le mieux possible à la forme de la plaie et qui puisse pénétrer dans toute sa profondeur, et le faire rougir immédiatement dans un feu ardent; laver la plaie aussitôt avec de l'eau froide ou tiède, salée ou avec de l'eau de lessive, en recouper les bords, surtout s'il s'agit d'un animal, la sécher soigneusement, puis la cautériser profondément avec le fer rougi à blanc, de manière à brûler au delà même des tissus atteints par la morsure. Il faut surtout ne pas craindre de rougir le fer à blanc, car, dans cet état, il brûle moins douloureusement et plus efficacement que lorsqu'il est simplement rouge. Si, au moment de l'accident, on n'avait ni fer ni feu à sa disposition, et qu'on pût se procurer un autre caustique, il vaudrait mieux ne pas perdre un temps précieux, et se servir de potasse, de nitrate d'argent, de beurre d'antimoine, de sublimé corrosif, d'ammoniaque liquide, de vitriol, d'eau-forte ou d'esprit-de-sel dont on imbiberait du linge, des boulettes de chan-

vre ou de charpie que l'on introduirait dans la plaie.
Si l'on était surpris au milieu des champs et mordu par
un animal enragé, et que l'on n'aurait à sa disposition
ni fer rougi à blanc, ni caustiques, il faudrait immédiatement laver la plaie à fond et lier fortement le
membre au-dessus de la partie mordue, afin d'empêcher autant que possible l'absorption du virus et
son passage dans le torrent circulatoire. Si l'on a un
homme de l'art sur les lieux, il serait prudent de lui
confier le soin de faire cette opération avec les précautions convenables; mais, dans aucun cas, il ne
faut pas perdre inutilement du temps.

2° Le *charbon* peut se communiquer des animaux
à l'homme, soit lorsque ce dernier fait usage de leur
chair comme aliment, soit parce qu'il respire l'air
infecté par eux, soit par l'effet d'un contact immédiat, surtout lorsqu'il est atteint d'écorchures ou de
plaies. On voit des exemples malheureusement trop
fréquents de la contagion du charbon par la peau, la
laine, les dépouilles des animaux morts de cette maladie; il est donc bien important que l'on s'entoure
des précautions les plus minutieuses quand on doit
s'approcher des animaux infectés de ce mal, et qu'on
enfouisse bien profondément leurs cadavres lorsque
l'abatage en est ordonné, sans chercher à en retirer
aucun profit. Je sais que certains auteurs conseillent
d'en tirer parti comme engrais, mais ce n'est qu'avec
bien des précautions qu'on pourrait suivre ce conseil; le moyen le plus prudent, surtout quand il
s'agit du typhus charbonneux, serait de transporter
le cadavre, de le recouvrir de chaux vive et de l'en-
fouir tout entier dans un compost. Les dispositions

légales prescrivent d'ailleurs des mesures que je trans-
crirai à la suite, et dont il n'est jamais permis de
s'écarter.

On reconnaîtra le charbon, chez le cheval, à une
tumeur chaude, dure et douloureuse, qui le plus
souvent se développe à la langue, au poitrail, aux
cuisses et aux extrémités des membres inférieurs.
Cette tumeur s'accroît rapidement ; d'abord chaude
et sensible, elle devient froide et indolore, parce
qu'elle est frappée de gangrène. Aussi l'animal tombe-
t-il dans un abattement complet, et succombe en six,
douze ou vingt-quatre heures.

Chez les bêtes bovines, le charbon revêt deux
formes différentes : la première affecte principalement le dos, les côtes et le ventre, et consiste en
boutons visibles à l'œil ; la partie devient dure profondément, ronde, et semble enfoncée à cause de la
gangrène des chairs sous-jacentes ; les muscles se
gonflent et la peau crépite ; c'est le charbon blanc. La
seconde variété apparaît sous forme d'une petite tumeur qui fait de tels progrès, qu'en une demi-heure
elle atteint souvent le volume d'une tête d'homme ;
elle affecte principalement le poitrail, la pointe des
épaules, le fanon et les côtes ; elle se propage avec
une promptitude extrême sous le ventre, sur l'épine,
le cou et la gorge ; l'animal devient roide, et meurt
dès qu'il tombe. D'autres fois on n'aperçoit que de
simples taches blanches, livides ou noires, n'atta-
quant que la peau, qui est soulevée et crépi-
tante.

Le charbon présente, chez le porc, à peu près les
mêmes symptômes que chez les bêtes bovines, ex-

cepté lorsqu'il se manifeste sur le côté du cou près de la tête ; la peau est alors marquée d'un point noir, large d'un ou de deux travers de doigt ; les soies y sont hérissées, droites et dures : c'est ce qui lui a fait donner le nom de *soie* ou *soyon*, affection dont la contagion n'est pas bien prouvée, et qui est assez souvent curable.

Le charbon des bêtes à laine se montre sous deux formes : dans l'une, l'animal cesse de ruminer et de manger ; sur les parties dénuées de laine, telles que le dessous du ventre, l'intérieur des cuisses et des épaules, le cou, les mamelles et la tête, il survient une petite tumeur dure, très-douloureuse, d'un rouge vif, bientôt violette, puis noire ; de petites ampoules se montrent au milieu ou tout autour, et répandent, en se crevant, un liquide âcre qui désorganise les parties environnantes ; quelquefois les tissus gangrenés sont éliminés par l'inflammation et la suppuration ; d'autres fois la gangrène gagne de proche en proche, et la mort s'ensuit. La seconde forme du charbon affecte la tête des bêtes à laine ; des ampoules, le soulèvement, la crépitation, la couleur noire et le desséchement de la peau, l'abattement et les convulsions de l'animal, distinguent cette forme, qui se termine le plus souvent par la mort au bout de deux ou trois jours.

Les volailles, les oies surtout, peuvent aussi être atteintes du charbon, qui se reconnaît principalement chez elles à la coloration noire du bec et des pattes, et à la diarrhée colliquative, qui est bientôt suivie de la mort.

5° *De la morve.* — Longtemps on a contesté la

contagion de la morve; mais aujourd'hui des faits. qu'il est impossible de révoquer en doute, prouvent à l'évidence que non-seulement elle peut se commuquer aux chevaux, mais que ceux-ci peuvent la donner à l'homme. Il est donc bien important que l'on reconnaisse cette maladie dès qu'elle apparaît, et que les cultivateurs redoublent de prudence et de précaution lorsqu'ils soignent un cheval morveux ou qu'ils le dépècent.

On reconnaîtra la morve aux caractères suivants :

1° Engorgement, gonflement des glandes souslinguales ;

2° Écoulement, ou jetage par les deux naseaux ou par un seul, et le plus souvent par le gauche, d'un liquide jaune-verdâtre, épais et grumeleux, qui s'attache au bout des narines ;

5° Ulcérations de la membrane qui tapisse la cloison médiane des narines ou les cornets. Ces symptômes se développent avec plus ou moins de lenteur, et le cheval reste souvent quelque temps dans un état suspect. D'autres fois ils s'accompagnent de fièvre, et conduisent rapidement à la mort ;

4° *Du farcin.* — Ce que j'ai dit de la contagion de la morve s'applique également au farcin, affection caractérisée par des boutons d'abord circonscrits, ressemblant souvent à une corde noueuse, ou par la tuméfaction des ganglions lymphatiques, ou enfin par des tumeurs dures, d'abord peu douloureuses, qui apparaissent sur diverses régions, et même sur toutes les parties du corps de l'animal.

5° Il est aussi constaté, et assez généralement admis aujourd'hui, que la syphilis peut atteindre certains animaux domestiques, et tout spécialement le cheval. Or, il suffirait de porter une écorchure au doigt ou à la main, et de mettre la peau ainsi dénudée de son épiderme en contact avec la matière sécrétée par les ulcères vénériens, pour contracter cette funeste maladie. Je ne saurais donc trop engager les cultivateurs qui découvriraient, sur les organes génitaux d'un étalon ou d'une jument, de petits ulcères à fond grisâtre, et qui sembleraient être faits avec un emporte-pièce, de se mettre sur leurs gardes, d'appeler un vétérinaire instruit, et d'employer toutes les précautions qu'il prescrira.

Toutes les affections que je viens de citer ne sont pas incurables; il en est plusieurs qui, prises à temps, peuvent être guéries par un traitement convenable. Je ne puis donc conseiller d'abattre immédiatement les animaux qui en sont atteints; ce qu'il y a de mieux à faire, en pareil cas, c'est d'appeler un vétérinaire diplômé : non-seulement il opposera les remèdes les plus énergiques aux progrès du mal, mais il indiquera les moyens préservatifs, les mesures d'assainissement et de désinfection propres à sauvegarder la santé des personnes et celle des animaux. Si le mal est grave, s'il est du nombre de ceux qui sont incurables dès le début, comme la rage, le propriétaire écoutera sans hésiter les conseils de la science, et saura sacrifier l'animal malade plutôt que de compromettre la salubrité de tout son bétail; car c'est souvent d'un cas sporadique et de l'inobservance des règles hygiéniques que naissent ces épizooties qui viennent si souvent ébrécher la fortune des cultivateurs. La loi, d'ailleurs, a prévu ces cas (lois du 5 janvier 1816, du 12 juillet 1821, du 18 mars 1826), et divers arrêtés royaux tracent aux propriétaires, aux bourgmestres des communes et aux médecins vétérinaires, les formalités qu'ils ont à remplir dans l'intérêt de la salubrité publique, et dans le but de répartir de justes indemnités parmi les cultivateurs dont les animaux doivent être sacrifiés ; les arrêtés du 19 avril 1841, du 12 avril 1845, du 27 et du 29 avril 1847, enfin celui du 22 octobre 1849, peuvent se résumer ainsi :

« Aussitôt qu'un propriétaire a des animaux atteints d'une maladie contagieuse ou soupçonnée telle, il est tenu, sous peine d'amende et de prison, de les tenir enfermés, et d'en faire la déclaration à l'autorité communale.

« Les vétérinaires, maréchaux et autres guérisseurs qui traitent un animal attaqué d'une affection contagieuse, sont obligés de le déclarer à l'autorité communale.

« L'autorité communale, informée de l'existence d'une maladie contagieuse, doit en rendre compte au commissaire d'arrondissement et au vétérinaire de son district agricole, et ce dernier doit se transporter immédiatement sur les lieux, et adresser un rapport aux autorités provinciales et communales, et au commissaire d'arrondissement.

« Le bétail atteint d'une maladie contagieuse ne peut ni pâturer ni aller s'abreuver avec le bétail sain, sous peine de saisie, etc., etc.

« L'autorité communale, informée de l'existence d'une épizootie, doit en informer par une affiche les cultivateurs, et leur enjoindre de déclarer le nombre

18.

des bêtes qu'ils possèdent, avec désignation d'âge, de taille, etc.

« Quand la rage s'est déclarée dans une commune, il est ordonné de tenir tous les chiens à l'attache, et de tuer tous ceux que l'on trouve divaguant.

« Si un chien enragé ou un autre animal réputé hydrophobe a mordu des bestiaux, ou s'il y a seulement présomption, l'autorité doit les faire placer dans une écurie séparée, pendant huit semaines au moins. Si des symptômes certains de rage se manifestent, l'abatage sera immédiatement ordonné.

« L'abatage ne doit être ordonné que pour les bestiaux atteints des maladies suivantes :

« Pour le cheval, la morve aiguë ou le coryza gangréneux, la morve chronique, le farcin, la péripneumonie gangréneuse ;

« Pour les bêtes à cornes : le typhus contagieux, le typhus charbonneux, la pneumonie gangréneuse et la pleuropneumonie épizootique ;

« Pour les moutons, la clavelée ;

« Enfin, pour chacune de ces espèces, l'hydrophobie et les maladies charbonneuses graves.

« L'abatage doit être ordonné par le gouverneur de la province, le commissaire du service de santé civil, le commissaire d'arrondissement, les administrateurs des villes, un membre de la commission provinciale d'agriculture, et, en cas d'urgence seulement, par le bourgmestre de la commune, et toujours par suite d'un rapport du vétérinaire du gouvernement, constatant que la maladie est arrivée au degré d'incurabilité. Cependant l'indemnité serait également allouée quand même l'ordre d'abatage d'un animal atteint de maladie contagieuse, et traité par un vétérinaire diplômé, n'aurait pu être provoqué par un rapport du vétérinaire du gouvernement, s'il est constaté : 1° que l'animal est mort pendant l'espace de temps qui s'est écoulé entre la convocation du médecin vétérinaire du gouvernement et son arrivée sur les lieux ; 2° que ce dernier a été appelé en temps utile, et qu'il a été dans l'impossibilité de se rendre à cet appel.

« Les animaux morts ou abattus à la suite d'une maladie contagieuse doivent être enterrés avec leur peau à 200 mètres au moins de toute habitation ; on doit les transporter et non les traîner ; leur peau doit être tailladée en plusieurs parties ; les fosses doivent avoir au moins 3 mètres de profondeur ; un seul animal doit y être placé, et le corps doit être recouvert de toute la terre qui a été extraite de la fosse. Cependant, quand il s'agit de pleuropneumonie, la peau peut être enlevée avec beaucoup de précaution. Quand il s'agit de morve ou de farcin, quoique le règlement permette cet enlèvement, l'hygiène et la prudence conseillent de s'en abstenir, parce que l'écorcheur court le risque de s'inoculer la maladie.

« Les écuries, étables, murailles, mangeoires, râteliers, etc., qui ont servi à du bétail atteint de maladies contagieuses, doivent être immédiatement purifiés et assainis, suivant les prescriptions du vétérinaire du gouvernement. »

§ VI. — *Quelques conseils sur les maladies humaines et les épidémies.*

Des préservatifs. — Pour éviter les maladies, il

n'est qu'une voie sage et sûre, c'est la voie de l'hygiène ; cette dernière nous apprend à fuir les influences malsaines, et à éviter les excès en tout : si l'on ajoute à cela le seul préservatif positif découvert par Jennès (vaccine), on aura la prophylaxie générale des maladies humaines.

Beaucoup de personnes, à la campagne surtout, s'imaginent que certains médicaments, tenus secrets par les médecins, préservent ces derniers des maladies graves dont leurs clients sont atteints; c'est là un préjugé ridicule. Le calme, l'esprit, la force de l'âme, le dévouement et l'observance des règles de l'hygiène, sont les seuls préservatifs des médecins. Je ne puis donc en recommander d'autres, si ce n'est la vaccine, préservatif précieux contre la petite vérole.

Croirait-on qu'au XIXe siècle, quand des milliers de faits, quand tous les hommes les plus instruits et les plus dévoués à l'humanité attestent les admirables bienfaits de la vaccine, lorsque tous les gouvernements ont accueilli cette précieuse découverte avec reconnaissance et en encouragent la propagation par tous les moyens possibles, croirait-on qu'il existe encore des parents aveugles et assez obstinés pour refuser de faire vacciner leurs enfants? La petite vérole est une maladie bienfaisante, disent les uns; elle est nécessaire pour purger le corps des humeurs qu'il contient! Comme si ces humeurs qui se voient dans les boutons existaient avant la maladie, et n'étaient pas engendrées par celle-ci ! Comme si, en substituant à l'éruption générale de la variole quelques pustules de vaccine, on n'empêchait pas et l'infection du sang et la maladie de la peau et la formation du pus et des humeurs !

D'autres viennent vous dire qu'avant la propagation de la vaccine, les enfants étaient plus forts et mieux portants qu'aujourd'hui ! Contes de vieilles gens qui ne trouvent jamais rien de bon que dans le temps *passé !* Mais quand même leur assertion serait vraie, — ce qui reste à prouver, — elle ne démontrerait qu'une chose, c'est qu'alors les enfants faibles mouraient et que les plus robustes avaient seuls l'avantage de survivre. Et je le demande à tous les parents qui aiment leurs enfants, voudraient-ils les exposer tous à la mort, afin de ne conserver que les plus robustes ?

Heureusement, les parents dont je parle sont rares ; mais il est plus commun d'en trouver qui, par leurs préjugés, entravent encore la propagation de la vaccine. Ainsi, beaucoup de gens trouvent malsains presque tous les enfants des autres, et prétendent que le vaccin qui en provient pourrait causer mille maux à ceux à qui il serait inoculé. Ces craintes sont d'autant plus déraisonnables qu'une foule d'expériences très-concluantes ont prouvé que le virus-vaccin ne s'altère pas par son inoculation à des individus de mauvaise complexion. Je concevrais la susceptibilité d'une mère qui refuserait du vaccin provenant d'un enfant malade, mais je ne la conçois pas quand il s'agit du virus pris à un enfant moins beau, moins gros, plus pauvre peut-être que celui à qui il est destiné ; d'ailleurs le médecin qui vaccine n'est-il pas plus apte que qui ce soit à juger de la bonté du virus, et peut-on présumer qu'il veuille exposer la santé d'un enfant pour le plaisir de le vacciner?

Faire jouir ses enfants des bienfaits de la vaccine me paraît un devoir sacré pour les parents, et je les engage fortement à le remplir, s'ils ne veulent pas s'exposer à bien de pénibles remords.

Dans tous les pays, la plupart des médecins se font un plaisir de vacciner gratis : c'est à eux qu'il faut confier cette opération, car bien des gens qui s'en mêlent à la campagne ne savent pas distinguer le virus du pus, ne connaissent pas l'époque où on doit le prendre, et ne font souvent naître que la fausse vaccine. L'âge de deux à six mois est le plus favorable pour la sûreté de l'opération et la légèreté de ses suites; du reste, quand on a des raisons de craindre la contagion de la petite vérole, il faut faire vacciner de suite, sans avoir égard à l'âge ni à une légère indisposition. Du septième au neuvième jour après l'inoculation, il faut présenter l'enfant à l'examen du médecin, afin qu'il juge si la vaccine est vraie, et si elle parcourt régulièrement ses périodes : cette précaution est tout à fait nécessaire pour ne pas s'endormir dans une sécurité dangereuse, et pour savoir s'il ne serait pas prudent de recommencer l'opération.

De la revaccination. — Depuis quelques années on a vu reparaître d'assez nombreuses épidémies de petite vérole, et l'on a observé qu'elles atteignent les individus vaccinés dans leur enfance; bien que la maladie ne se soit point montrée, à beaucoup près, aussi grave chez ces derniers que chez les personnes non vaccinées, on a cependant cherché un moyen d'arrêter ces épidémies, et on a complétement atteint ce but en revaccinant tous les individus qui l'avaient été depuis plusieurs années. Des expériences furent alors tentées ; les gouvernements de divers États allemands firent revacciner leurs armées, et il résulte de documents authentiques que, sur 312,122 personnes revaccinées, l'inoculation a produit son effet sur 12,716 ; ce qui prouve que près du tiers de ces jeunes gens, vaccinés depuis une vingtaine d'années, étaient redevenus aptes à contracter la petite vérole. L'observation a d'ailleurs montré, lors des épidémies, que, plus on s'éloigne de l'époque de la vaccination, plus la susceptibilité à contracter la petite vérole augmente.

Après les faits nombreux et concluants qui sont maintenant acquis à la science, il n'est plus possible de douter de l'utilité de faire revacciner les enfants au bout de dix, quinze ou vingt ans au plus. A ceux qui conserveraient le moindre doute à cet égard, je conseille de lire le mémoire important publié par MM. les docteurs de Losen, Seutin, Bigot et Rieken (1). Ce travail consciencieux résume tout ce qui a été fait sur cette question ; c'est à lui que j'ai emprunté les données qui précèdent ; les expériences que j'ai moi-même tentées m'ont fourni des résultats tout à fait probants en faveur de la revaccination.

Les autorités communales, les bureaux de bienfaisance et les instituteurs ont à remplir des devoirs

(1) 1. *Rapport sur la revaccination*, ou *Annales du conseil de salubrité publique de Bruxelles*, tome 1er, chez Wahlen, à Bruxelles.

2. *Des revaccinations dans plusieurs armées d'Allemagne*, par Binard. *Encyclog.*, vol. d'avril 1845, page 1.

3. *De la revaccination*, par le docteur Van Berchem, de Willebroeck.

très-sévères à propos de la vaccine. Les règlements sont positifs à cet égard : ils doivent refuser l'entrée de l'école à tout enfant qui n'apporte pas un certificat du médecin constatant qu'il a été vacciné avec succès. Enfin les bureaux de bienfaisance doivent refuser des secours aux parents qui ne veulent pas faire vacciner leurs enfants. Si ces dispositions étaient bien observées, la vaccine serait beaucoup plus facilement propagée, et les préjugés tomberaient d'eux-mêmes.

Lorsqu'on a employé la vaccine comme préservatif de la petite vérole, et toutes les précautions hygiéniques comme préservatif de toutes les autres maladies, on a fait tout ce qu'il est possible de faire, et, si l'on est atteint de maladie, on n'a pas de reproche à se faire, mais de nouveaux devoirs à remplir : redoubler de soins hygiéniques, afin que le patient respire un air pur, qui ne soit ni trop chaud ni trop froid ; l'entourer de linges propres et secs, éloigner de lui le bruit, les causeries, les inquiétudes et le tracas des affaires ; calmer son moral par des paroles rassurantes et des soins affectueux ; enfin s'entourer de conseils éclairés et ne pas tenter des remèdes qui, sous le nom de familiers, sont quelquefois très-énergiques et capables d'aggraver considérablement la maladie. Tels sont les premiers devoirs à remplir quand on a un parent malade. Mais les campagnards ont tant de peine d'économiser quelques francs, qu'il s'en trouve beaucoup qui craignent d'aller consulter ou de mander un médecin, et qui, en acquit d'une conscience peu éclairée, croient pouvoir le remplacer par un charlatan ! Si la maladie est du nombre de celles qui peuvent se guérir par les seuls efforts de la nature, et si l'empirique ne prescrit que des plantes sans vertu ou des remèdes sans puissance, le malheur n'est pas grand, la constitution robuste du villageois triomphe du mal et du charlatan; mais si ce dernier ordonne des remèdes capables de produire des effets sur l'organisme, alors il peut en résulter de grands malheurs; le plus souvent le mal s'aggrave et poursuit ses progrès; l'on recourt au médecin quand la maladie est incurable, et c'est le dernier appelé qui supporte la responsabilité des accidents : parce que les personnes qui ont eu la faiblesse de se fier à un charlatan, si elles s'en sont mal trouvées, ne s'en vantent jamais, de crainte d'encourir le blâme ou la risée publique. De là vient la réputation des empiriques; on proclame partout des cures dont le plus souvent ils sont innocents, et on cache soigneusement les accidents qu'ils provoquent. Qu'un médecin guérisse cent malades, on n'en parlera pas, parce qu'il n'y a rien là d'extraordinaire; qu'un homme étranger à toutes les sciences médicales semble guérir un mal déjà guéri ou par la nature ou par le traitement des médecins, alors on entonne le chant de victoire, on porte le médicastre aux nues et on lui prépare des dupes nouvelles, qui expieront bientôt leur crédulité. Ainsi est fait le monde; le merveilleux plaît toujours; la chose la plus sotte et la plus absurde excite plus l'attention que la chose la plus sage et la plus sensée; et tant que les gens éclairés, tant que les autorités qui ont prêté le serment de veiller à l'exécution des lois ne prendront pas leurs devoirs au sérieux, le public faible et ignorant sera exploité par des hommes téméraires qui, sous prétexte de servir la cause de l'humanité, empliront leurs poches, feront des victimes et affronteront sans honte et sans remords la justice divine et la justice humaine. Et cependant les lois qu'on laisse violer si audacieusement sont faites dans l'intérêt de la société; elles ne veulent point que le premier venu, couvert de tel ou tel manteau, abuse de la crédulité publique et se donne pour médecin, sans avoir prouvé qu'il possède les connaissances nécessaires pour ne pas compromettre la sûreté des gens qui se confient à lui. Elles disent à tout citoyen : Il ne vous sera demandé compte ni de vos études, ni du lieu où vous avez puisé vos connaissances; voici un jury composé d'hommes honorables et impartiaux, présentez-vous devant lui et prouvez que vous avez des connaissances suffisantes, et il vous sera permis de pratiquer dans tout le royaume! Eh bien, apôtres de la charité! vous qui possédez des talents supérieurs à tous les talents connus, n'écoutez donc que votre zèle, allez rassurer la société en prouvant votre science, et vous pourrez sans entrave pratiquer la médecine honorablement et sans violer les lois!... Mais en vain la loi parle... Le charlatan reste sourd à sa voix comme à celle de sa conscience, il s'enivre de sa monomanie, s'enhardit de son impunité, et va jusqu'à ce qu'enfin des catastrophes trop criantes et trop répétées le signalent comme un fléau de l'humanité et le couvrent de honte et d'ignominie.

Si les gens de la campagne réfléchissaient à la conduite des charlatans, à la perte de temps et partant à la perte d'argent que leurs ridicules et dangereux remèdes occasionnent, ils les regarderaient comme leurs plus grands ennemis, et se garderaient bien de les sauver des mains de la justice par des témoignages complaisants et criminels.

Que les gens sensés comprennent bien que, pour posséder une science, il faut l'avoir étudiée, et que, pour être digne de confiance, il faut prouver qu'on a étudié avec succès. Qu'ils ne croient donc pas remplir leurs devoirs envers leurs parents malades en les remettant aux soins des empiriques ; qu'au contraire ils se déchargent de toute responsabilité à cet égard, en les confiant à des personnes instruites et probes, qui ont accepté la rude mission de pratiquer la médecine et qui ont rempli tous les devoirs que les lois leur imposent. Ainsi on évitera bien des malheurs regrettables. Qu'ils s'appliquent aussi à exécuter leurs conseils avec intelligence et prudence, et à éloigner du lit de leurs proches les cancans et les insinuations mauvaises qui trop souvent viennent entraver les meilleurs traitements.

En temps d'épidémie, il faut redoubler de soins dans l'observance des règles de l'hygiène publique et privée. C'est avec raison que le docteur Lefebvre (1) dit : « Lorsque l'homme jouit de la plé-
« nitude de ses forces, que nulle influence maligne
« ne l'assiége, il peut impunément forfaire plus d'une
« fois aux lois de l'hygiène ; mais pendant le règne
« des épidémies, alors qu'il doit lutter contre les
« angoisses inséparables de ces grandes infortunes
« publiques et contre un poison subtil qui l'enve-
« loppe de toutes parts, et qu'il respire par tous ses

______

(1) *Des moyens préservatifs du choléra et des maladies en général.*

« pores, alors, croyez-moi, l'économie n'a pas trop
« de toutes ses forces pour soutenir la lutte, et le
« moindre obstacle que vous opposez au jeu libre et
« régulier des fonctions peut, en diminuant la résis-
« tance vitale, ouvrir la porte à la maladie. »

Il faut surtout se garder alors de changer trop
son régime ; qu'on l'améliore sans le bouleverser ;
qu'on se garde de boire des liqueurs fortes ou
d'avaler des médicaments, des purgatifs ou d'autres
substances capables de provoquer la maladie plutôt
que de l'éloigner ; qu'on isole les malades, qu'on
renouvelle l'air autour d'eux, que les gardes-malades
s'échangent et se reposent, qu'ils aillent de temps
en temps respirer un air pur, qu'ils soient prudents,
mais fermes et courageux, et ils n'auront rien à
redouter.

Dans ces moments de calamité publique, les autorités communales ont des devoirs très-pressants à
remplir ; leur négligence les rendrait responsables
des ravages de l'épidémie et des malheurs qu'elle
entraînerait. La loi et les règlements leur tracent
bien explicitement leurs devoirs. L'organisation des
comités de salubrité publique, si vivement recom-
mandée par les circulaires de M. le ministre de l'intérieur, doit avoir lieu dans toute commune bien
administrée, et l'on ne doit pas attendre, pour y pro-
céder, qu'une épidémie ait éclaté dans la localité,
car les moyens préventifs perdent beaucoup de leur
efficacité lorsqu'ils sont employés trop tard. L'arrêté
royal du 31 mai 1818 (*Code administratif*, chap. V)
ordonne au bourgmestre, dès l'apparition d'une maladie contagieuse dans sa commune, d'en donner

connaissance au président de la commission médicale de la province, et de lui adresser les renseignements qui lui sont parvenus à cet égard. Si l'autorité supérieure, sur le rapport des délégués de la commission médicale, ordonne des mesures sanitaires, c'est encore au bourgmestre à les faire exécuter sans délai et avec tout le soin désirable.

Un des devoirs permanents des autorités communales et des bureaux de bienfaisance, c'est l'organisation d'un service de santé pour les indigents. S'il est un temps où ceux-ci doivent être secourus, c'est certes quand ils sont incapables de travailler et lorsqu'ils sont astreints à des dépenses extraordinaires pour les soins médicaux, les médicaments, les veilles et tous les frais accessoires qu'entraîne une maladie. Quand même la dépense nécessaire pour ce service devrait entraîner des répartitions ou des frais communaux, les personnes aisées ne les supporteraient pas en pure perte. Rendre la santé à l'ouvrier, c'est lui rendre le travail et le pain nourricier de sa famille. Soigner convenablement et arrêter dès le début les maladies qui se déclarent dans les familles pauvres, c'est un des meilleurs moyens d'étouffer dans leur source les épidémies qui bientôt envahiraient la commune entière et feraient des victimes parmi les personnes aisées comme parmi les pauvres. Il serait même à désirer que dans toutes les localités dont la population dépasse deux mille âmes, un hôpital fût érigé et fournît les moyens de séquestrer les premiers malades atteints d'affections contagieuses, afin qu'elles ne se propagent point dans les familles. Ce sont là des améliorations qui, je le sais, ne sont point encore possibles partout, mais vers lesquelles on doit tendre et qu'on doit préparer pour l'avenir.

§ VII. — *Des cimetières et de la police des inhumations.*

L'emplacement des cimetières est loin d'être toujours convenable à la campagne. Si le décret impérial du 23 prairial an XII a fait cesser toute inhumation dans les églises, chapelles et autres édifices clos et fermés, il a laissé , pour les localités qui ne sont ni villes ni bourgs, la latitude d'enterrer autour des églises ; et comme ces dernières sont le plus souvent placées au centre des villages, il en résulte un danger permanent pour la salubrité publique. L'hygiène exige que les cimetières soient placés le plus loin possible des habitations, des puits, des fontaines, des ruisseaux et des rivières. Leur étendue doit être quintuple de l'espace nécessaire aux inhumations de chaque année. Les fosses ne doivent être ni trop superficielles ni trop profondes ; elle doivent avoir 1 mètre 50 centimètres à 2 mètres de profondeur, et être distantes les unes des autres de 50 à 50 centimètres. L'espace occupé par les fosses ne doit pas être remué avant cinq ans au moins. Si des fouilles ou des déblaiements considérables devenaient nécessaires dans l'emplacement des cimetières, on ne doit les opérer que par un temps sec et froid, vers la fin de l'hiver ou au commencement du printemps. Le nombre d'ouvriers employés doit être suffisant pour que les fouilles soient promptement terminées, et cependant il ne faut pas ouvrir à la fois et tout d'un coup une grande étendue de terrain. Si les terres remuées exhalent une odeur fétide, on les arrosera souvent avec une solution de chlorure de chaux. On enlèvera, s'il est possible, les cercueils en entier sans les ouvrir, et on les placera promptement, ainsi que les débris de corps et de bières, dans des tombereaux fermés pour les transporter immédiatement au lieu destiné à la nouvelle inhumation.

On sait généralement que l'inhumation d'un cadavre ne peut avoir lieu que vingt-quatre heures après le décès (Code civil, art. 77), et sur une autorisation d'un officier de l'état civil ; mais il arrive assez souvent à la campagne que l'on trompe l'autorité sur l'heure du décès, et qu'ainsi l'enterrement a lieu avant le délai fixé par la loi ; c'est là un abus déplorable, qui entraîne bien des malheurs ignorés ; car l'on peut assurer qu'il arrive assez souvent que des personnes sont enterrées avant leur mort réelle. Comment agit-on le plus souvent à la campagne? Sitôt qu'un malade a fermé la paupière, la famille l'abandonne ; deux ou trois voisins s'empressent de le coudre dans un drap, et sitôt que quatre planches ont été ajustées, on y enferme le cadavre. La surveillance exercée sur lui consiste dès lors dans la présence de deux ou trois personnes qui s'occupent à prier ou à converser sans regarder autour d'elles. Au bout de douze, quinze ou dix-huit heures, selon la manière plus ou moins inexacte dont la déclaration a été faite, l'enterrement a lieu, sans que personne se soit assuré si des signes suffisants constatent la mort réelle. L'organisation du service sanitaire des campagnes est le seul moyen de prévenir ces dangereux abus, parce que le médecin cantonal serait tenu de vérifier les décès et d'empêcher toute fraude dans les déclarations.

La visite des cadavres par un homme de l'art est surtout indispensable lorsque la personne est décédée subitement. Il appartient aux autorités communales d'ordonner cette visite et de ne permettre l'inhumation qu'après l'expiration de soixante et douze heures à compter du décès. Ces prescriptions de la loi sont formelles ; malheureusement l'exécution en est souvent négligée ; il en résulte que des crimes restent ignorés ou qu'on enterre vivants des individus léthargiques que des soins prudents auraient rappelés à la santé.

FIN.

TABLE DES MATIÈRES.

CHAPITRE PREMIER.

CHAPITRE III.

CHAPITRE VI.

CHAPITRE VII.

FIN DE LA TABLE.